高等职业教育校企合作新形态活页式教材

实验室安全与管理

第二版

林 洁　黎海红　袁 磊 ◎ 主编

化学工业出版社

·北京·

内容简介

本书是依据“实用为主，够用为度，应用为本”原则，按照实验室管理实际所编写的活页式教材，全书分为七个项目，主要内容包括实验室安全管理、实验室规划设计与建设、实验室组织管理、实验室仪器设备管理、实验室试剂管理、实验室质量管理、实验室认证认可等。

本书内容选自各类实验室真实管理项目，可操作性强、通俗易懂、易教易学。学习者还可以通过扫描二维码观看相关视频。

本书可供中职、高职院校食品、药品、化工等分析检测相关专业教学使用，也可供企业检测机构工作人员学习、培训使用。

图书在版编目（CIP）数据

实验室安全与管理 / 林洁，黎海红，袁磊主编．—2版．—北京：化学工业出版社，2024.3（2025.6 重印）
ISBN 978-7-122-45081-4

Ⅰ．①实… Ⅱ．①林… ②黎… ③袁… Ⅲ．①实验室管理-安全管理 Ⅳ．①G311

中国国家版本馆CIP数据核字（2024）第033615号

责任编辑：蔡洪伟 王 岩　　文字编辑：邢苗苗
责任校对：李露洁　　装帧设计：王晓宇

出版发行：化学工业出版社
（北京市东城区青年湖南街13号 邮政编码100011）
印 装：中煤（北京）印务有限公司
787mm×1092mm 1/16 印张16 字数380千字
2025年6月北京第2版第3次印刷

购书咨询：010-64518888　　售后服务：010-64518899
网 址：http://www.cip.com.cn
凡购买本书，如有缺损质量问题，本社销售中心负责调换。

定 价：48.00元

编 写 人 员 名 单

主　编

林　洁（山东商务职业学院）

黎海红（山东商务职业学院）

袁　磊（山东商务职业学院）

副主编

高维锡（烟台职业学院）

陈　健（烟台工程职业技术学院）

李　华（烟台职业学院）

刘鹏莉（烟台职业学院）

吴海鸣（山东商务职业学院）

田宪玺（山东省粮油检测中心）

任凌云（山东省粮油检测中心）

董　楠（青岛元信检测技术有限公司）

参　编（以姓氏笔画为序）

卫晓英（山东商务职业学院）

王　真（山东商务职业学院）

田晓花（山东商务职业学院）

伊小丽（山东商务职业学院）

李　林（烟台市食品药品检验检测中心）

周建征（烟台市食品药品检验检测中心）

赵　强（山东商务职业学院）

宫群英（烟台市食品药品检验检测中心）

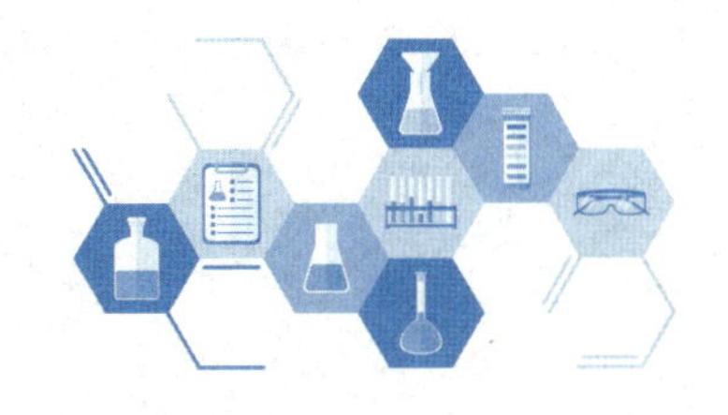

前言
PREFACE

实验室安全与管理是化工、食品、药品等专业的基础性课程，也是在学生进入实验室开展实验活动之前开设的重要技能训练型课程。它既与分析检测相关专业课程内容相衔接，又为后续的实习实训类课程提供了安全与管理保障。

通过学习，学生能够系统、全面地掌握实验室各种事故的预防、急救措施，实验室管理过程、方法，并针对安全与管理方面进行相关技能操作，树立安全生产发展理念，弘扬生命至上、安全第一的思想，培养学生创新能力、组织能力、查阅资料文献能力和解决实际问题能力。

本书在内容组织与安排上具有以下特色。

（1）任务驱动，以典型工作任务为载体

每个项目设置若干个任务，每个任务包含任务背景、任务目标、工作任务、任务描述、任务资讯、任务准备、任务实施、任务评价、任务反思、任务拓展、任务巩固等环节，突出职业素养、职业能力的培养，紧紧围绕任务的完成，增强学习的针对性。每个任务的可操作性强。

（2）配套数字资源，按新型活页式设计

本书以二维码和活页的形式将资源呈现给学生，实现了随用随取+数字资源的有机结合，体现“互联网+”新形势下的一体化设计，新颖的形式能激发学生学习主动性和积极性。

（3）有机融入思政元素

本书以实现职业核心能力培养为目标，引入任务驱动型教学模式，选择具有代表性、可操作性的工作任务，分析完成任务需要掌握的基本技能，突出完成任务的过程、方法和步骤，同时充分挖掘该课程的思政元素，有机融入党的二十大精神。

（4）校企合作共同编写

内容贴近企业应用，与岗位需求相结合，满足对教材实用性、先进性的要求，缩短了学习者与岗位要求之间的差距，并且可以作为企业新员工的培训资料。

本教材中的操作视频可通过微信扫描二维码观看，此外，本书为粮食储运与质量安全专业教学资源库《实验室安全与管理》课程配套教材，相应资源已上传至智慧职教平台，学习者可登录智慧职教平台，搜索“粮食储运与质量安全（山东商务）”项目，点击进入相应链接，学习“实验室安全与管理”课程。

本教材在修订过程中参考了国内外近年来的相关资料，在此对相关人员表示诚挚的谢意！

由于编者水平有限，书中难免有疏漏之处，恳请同行和读者批评指正。

编　者

2023 年 10 月

目录
CONTENTS

配套二维码资源

序号	名称	资源类型	页码
1	实验室安全基本知识	视频	002
2	气瓶的使用	视频	054
3	突发及应急事件处理	视频	062
4	危险废弃物处置	视频	064
5	化学品取用	视频	165

项目一

实验室安全管理

背景导入

实验室是科技成果产生的摇篮，在推动科技创新、科研教学方面发挥着重要作用。全面建设社会主义现代化国家新征程上，各行各业取得了一系列拥有自主知识产权的研究成果，成功解决了大量经济建设中遇到的科技难题，这离不开实验室人员的辛勤努力。实验室安全则是实验室进行正常工作的基本条件，是保障科研、教研正常运行的关键一环，做好实验室安全管理具有重要意义。

情景案例

某集团样品分析实验室的一个角落，因工作需要放着一把梯子。用时就将梯子支上，不用时就移到旁边。为防止梯子倒下砸伤人，实验室工作人员特地在梯子上写下一个小条幅“请留神梯子，注意安全”。几年过去了，偶尔会发生梯子砸人的事件，但谁也未放在心上。前一段时间，董事长来实验室视察工作，来到梯子前驻足良久并提议，将条幅改为“不用时请将梯子放倒”。从此以后，再未发生梯子伤人事故。

一、都在讲安全，前者做法和后者做法有什么本质区别？

二、该案例对你的启示：

必备知识

安全管理是全面建设社会主义现代化国家的迫切需要，也是全面贯彻习近平新时代中国特色社会主义思想的必然要求，是各级实验室做好安全生产工作的基础。安全管理不仅具有一般管理的规律和特点，还具有自身的特殊范畴和方法。在任务实施前简要介绍安全管理基本概念、事故致因及安全原理、安全心理与行为、安全管理理念和安全文化，对完成安全管理项目中各项任务非常关键。

1. 实验室安全基本知识

一、安全管理基本概念

（一）安全、本质安全

1. 安全

安全是人们对生产、生活中是否可能遭受健康损害和人身伤亡的综合认识。安全是一个相对的概念，世界上没有绝对安全的事物，任何事物中都包含有不安全因素，具有一定的危险性，当危险性低于某种程度时，人们就认为是安全的。

小贴士

安全泛指没有危险、不出事故的状态。汉语中有“无危则安，无缺则全”。《韦氏大词典》对安全的定义为：没有伤害、损伤或危险，不遭受危害或损害的威胁，或免除了危害、伤害或损失的威胁。

2. 本质安全

本质安全是指通过设计等手段使生产设备或生产系统本身具有安全性，即使在误操作或发生故障的情况下也不会造成事故。具体包括两方面的内容：

（1）失误—安全功能，指操作者即使操作失误，也不会发生事故或伤害，或者说设备设施和技术工艺本身具有自动防止人的不安全行为的功能。

（2）故障—安全功能，指设备设施或生产工艺发生故障或损坏时，还能暂时维持正常工作或自动转变为安全状态。

本质安全是生产中“预防为主”的根本体现，也是安全生产的最高境界。

（二）安全生产、安全管理

1. 安全生产

根据现代系统安全工程的观点，安全生产是指在社会生产活动中，通过人、机、物料、环境的和谐运作，使生产过程中潜在的各种事故风险和伤害因素始终处于有效控制状态，切实保护劳动者的生命安全和身体健康。

安全生产工作应当以人为本，坚持人民至上、生命至上，把保护人民生命安全摆在首位。《中华人民共和国安全生产法》将“安全第一、预防为主、综合治理”确定为安全生产工作的基本方针。

小贴士

《辞海》将安全生产解释为：为预防生产过程中发生人身、设备事故，形成良好劳动环境和工作秩序而采取的一系列措施和活动。《中国大百科全书》将安全生产解释为：旨在保护劳动者在生产过程中安全的一项方针，也是企业管理必须遵循的一项原则，要求最大限度地减少劳动者的工伤和职业病，保障劳动者在生产过程中的生命安全和身体健康。

2. 安全管理

安全管理是针对人们在生产过程中的安全问题，运用有效的资源，发挥人们的智慧，通过人们的努力，进行有关决策、计划、组织和控制等活动，实现生产过程中人与机器设备、物料、环境的和谐，达到安全生产的目标。

安全管理的基本对象是企业的员工（企业中的所有人员）、设备设施、物料、环境、财务、信息等各个方面。安全生产管理包括安全生产法制管理、行政管理、监督检查、工艺技术管理、设备设施管理、作业环境和条件管理等方面。

（三）生产安全事故、危险源

1. 生产安全事故

生产安全事故是指生产经营活动中发生的造成人身伤亡或者直接经济损失的事件。依据《生产安全事故报告和调查处理条例》（国务院令第493号），根据生产安全事故造成的人员伤亡或者直接经济损失，事故一般分为特别重大事故、重大事故、较大事故、一般事故4个等级，具体划分如下：

（1）特别重大事故，是指造成30人以上死亡，或者100人以上重伤（包括急性工业中毒，下同），或者1亿元以上直接经济损失的事故。

（2）重大事故，是指造成10人以上30人以下死亡，或者50人以上100人以下重伤，或者5000万元以上1亿元以下直接经济损失的事故。

（3）较大事故，是指造成3人以上10人以下死亡，或者10人以上50人以下重伤，或者1000万元以上5000万元以下直接经济损失的事故。

（4）一般事故，是指造成3人以下死亡，或者10人以下重伤，或者1000万元以下直接经济损失的事故。

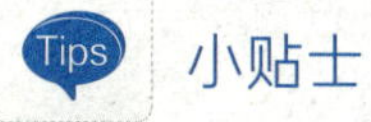

小贴士

依据《中华人民共和国国家标准：企业职工伤亡事故分类》（GB 6441—86），企业工伤事故分为20类：物体打击、车辆伤害、机械伤害、起重伤害、触电、淹溺、灼烫、火灾、高处坠落、坍塌、冒顶片帮、透水、放炮、火药爆炸、瓦斯爆炸、锅炉爆炸、容器爆炸、其他爆炸、中毒和窒息及其他伤害。

2. 危险源

危险源是指可能造成人员伤害和疾病、财产损失、作业环境破坏或其他损失的根源或状态。根据危险源在事故发生、发展中的作用，一般把危险源划分为两大类，即第一类危险源和第二类危险源。

第一类危险源是指生产过程中存在的、可能发生意外释放的能量。第一类危险源决定了事故后果的严重程度，它具有的能量越多，发生事故的后果越严重。第二类危险源是指导致能量或危险物质约束或限制措施破坏或失效的各种因素。第二类危险源决定了事故发生的可能性，它出现得越频繁，发生事故的可能性越大。

在安全管理工作中，第一类危险源客观上已经存在并且在设计、建设时已经采取了必要的控制措施，因此，安全管理工作的重点是第二类危险源的控制问题。

小贴士

炸药、旋转的飞轮等属于第一类危险源。冒险进入危险场所等属于第二类危险源。

积极讨论：

1. 举例生产实际中哪些设计属于本质安全。

2. 生活中还有哪些物质或状态是第一类危险源？哪些是第二类危险源？

读书笔记

二、事故致因原理

（一）海因里希事故因果连锁理论

海因里希事故因果连锁理论，阐述了导致伤亡事故的各种因素间及与伤害间的关系，认为伤亡事故的发生是一连串事件按照一定顺序、互为因果依次发生的结果。

（1）人员伤亡的发生是事故的结果。

（2）事故的发生原因是人的不安全行为或物的不安全状态。

（3）人的不安全行为或物的不安全状态是由于人的缺点造成的。

（4）人的缺点是由于不良环境诱发或者是由先天的遗传因素造成的。

海因里希认为事故主要原因是人的不安全行为或者物的不安全状态，但是二者为孤立原因，没有一起事故是由于人的不安全行为及物的不安全状态共同引起的。因此，尽管海因里希事故因果连锁理论有其优势，但过于绝对化和简单化，有一定的时代局限性。

小贴士

海因里希统计了55万件机械事故，其中死亡、重伤事故1666件，轻伤事故48334件，其余则为无伤害事故。从而得出一个重要结论，即在机械事故中，伤亡、轻伤、不安全行为的比例为1∶29∶300，国际上把这一法则叫事故法则。这个法则说明，在机械生产过程中，每发生330起意外事件，有300件未产生人员伤害，29件造成人员轻伤，1件导致重伤或死亡。

（二）能量意外释放理论

能量意外释放理论认为事故是一种不正常的或不希望的能量释放，意外释放的各种形式的能量是构成伤害的直接原因。能量逆流对人体造成的伤害分为两类：第一类伤害是由施加了局部或全身性损伤阈值的能量引起的；第二类伤害是由影响了局部或全身性能量交换引起的。

从能量意外释放理论出发，预防伤害事故就是防止能量或危险物质的意外释放，防止人体与过量的能量或危险物质接触。预防能量转移于人体的安全措施可用屏蔽防护系统。在工业生产中经常采用的防止能量意外释放的屏蔽措施主要有11种，分别是用安全的能源代替不安全的能源、限制能量、防止能量蓄积、控制能量释放、延缓释放能量、开辟释放能量的渠道、设置屏蔽措施、在时间或空间上把能量与人隔离、提高防护标准、改变工艺流程、修复或急救。

（三）轨迹交叉理论

轨迹交叉理论主要观点是：在事故发展进程中，人的因素运动轨迹与物的因素运动轨迹的交点就是事故发生的时间和空间，即人的不安全行为和物的不安全状态发生于同一时间、同一空间，或者说人的不安全行为与物的不安全状态相遇，则将在此时间、空间发生事故。

轨迹交叉理论突出强调的是砍断物的事件链，提倡采用可靠性高、结构完整性强的系统和设备，大力推广保险系统、防护系统和信号系统及高度自动化和遥控装置。管理的重点应放在控制物的不安全状态上，即消除起因物，这样就不会出现施害物，使人与物的轨迹不相交叉，事故即可避免。

（四）系统安全理论

系统安全理论是指在系统寿命周期内应用系统安全管理及系统安全工程原理，识别危险源并使其危险性减至最小，从而使系统在规定的性能、时间和成本范围内达到最佳的安全程度。

系统安全理论的主要观点有以下四点：

（1）改变了人们只注重操作人员的不安全行为而忽略硬件的故障在事故致因中作用的传统观念，开始考虑如何通过改善物的系统的可靠性来提高复杂系统的安全性，从而避免事故。

（2）没有任何一种事物是绝对安全的，任何事物中都潜伏着危险因素。

（3）不可能根除一切危险源和危险，可以减少来自现有危险源的危险性，应减少总的危险性而不是只消除几种选定的危险。

（4）即使认识了现有的危险源，随着技术的进步又会产生新的危险源。因此，只能把危险降低到可接受的程度，即可接受的危险。

小贴士

20世纪70年代末的美国三哩岛核电站事故曾引起人们的恐慌，特别是20世纪80年代印度的博帕尔农药厂的毒气泄漏事故和苏联的切尔诺贝利核电站事故等一些巨大复杂系统的意外事故给人类带来了惨重的灾难。对这些事故的调查表明，物的不安全状态和人失误是造成事故的罪魁祸首。

积极讨论：

1. 举例哪些伤害属于能量意外释放理论中的第二类伤害。

2. 讨论人的不安全行为是基于人的哪些特征而产生的。

读书笔记

三、安全心理与行为

人的心理和行为是紧密联系在一起的，企业生产中许多事故是由心理因素影响而发生的，因此，掌握安全心理与行为科学的基本原理，对实验室预防事故发生具有重要意义。

在影响人行为的因素中，个性心理因素是一个非常重要的因素。个性是指个人稳定的心理特征和品质的总和。影响个性心理因素主要包括个性心理特征和个性倾向性两个方面。

（一）个性心理特征对人的行为的影响

1. 性格与安全

事故的发生率和人的性格有着非常密切的关系，无论技术多么好的操作人员，如果没有良好的性格特征，也常常会发生事故。从安全管理的角度考虑，平时应对没有良好性格特征的人加强安全教育和安全生产的检查督促。同时，尽可能安排他们在发生事故可能性较小的工作岗位上。

为了取得安全教育的良好效果，对性格不同的职工进行安全教育时，应该采取不同的教育方法：对性格开朗，有点自以为是，又希望别人尊重他的职工，可以当面进行批评教育，甚至争论，但一定要坚持说理，就事论事，平等待人；对性格较固执，又不爱多说话的职工，适合于多用事实、榜样教育或后果教育方法，让他自己进行反思和从中接受教训；对于自尊心强，又缺乏勇气性格的职工，适合于先冷处理，后单独做工作；对于自卑、自暴自弃性格的职工，要多用暗示、表扬的方法，使其看到自己的优点和能力，增强勇气和信心，切不可过多苛责。

2. 气质与安全

气质是指人的心理活动的动力特征，主要表现在心理过程的强度、速度、稳定性、灵活性及指向性。一般人所说的“脾气”就是气质的通俗说法。一个人的气质是先天的，后天的环境及教育对其改变是微小和缓慢的。因此，分析职工的气质类型，合理安排和支配，对保证工作时的行为安全有积极作用。一般认为人群中具有4种典型的气质类型，即胆汁质、多血质、黏液质和抑郁质。

人的气质特征越是在突发事件和危急情况下越是能充分和清晰地表现出来，并本能地支配人的行动。在处理事故这个环节上，人的气质起着相当重要的作用。事故发生后，为了能及时作出反应，迅速采取有效措施，有关人员应具有这样一些心理品质：能及时体察异常情况的出现；面对突发情况和危急情况能沉着冷静，控制力强；应变能力强，能独立作出决定并迅速采取行动等。

小贴士

不同气质类型的司机交通事故发生率不同，胆汁质的人被认为是“马路第一杀手”。多血质的人排第二，其情绪比较容易受到压力的影响，不利于安全驾驶。抑郁质的人思想比较狭窄，做事刻板、不灵活，积极性低，他们在驾车中容易疲劳。黏液质的人被认为是交通事故发生概率最小的群体。

3. 能力与安全

能力是人完成某种活动所必备的一种个性心理特征。人的能力多种多样，如一般能力和特殊能力，再造能力和创造能力，认识能力、实践活动能力和社会交往能力。

在安全生产中，任何工作的顺利开展都要求人具有一定的能力。人在能力上的差异是能否搞好安全生产的重要制约因素。特殊职业的从业人员要从事冒险和危险性及负有重大责任的活动，因此这类职业不但要求从业人员有着较高的专业技能，而且要具有较强的特殊能力，选择这类职业的从业人员，必须考虑能力问题。作为管理者应重视员工能力的个体差异，首先要求能力与岗位职责的匹配，其次发现和挖掘员工潜能，通过培训再次提高员工能力，使得团队合作能力上相互弥补。

4. 情绪与安全

情绪是每个人所固有，受客观事物影响的一种外部表现，情绪在某种条件下产生，并受客观因素的影响，是受外部刺激而引起的兴奋状态。

从安全行为的角度考虑，处于兴奋状态时，人的思维与动作较快；处于抑制状态时，思维与动作显得迟缓；处于强化阶段时，往往有反常的举动，同时从情绪看有可能发现思维与行动不协调、动作之间不连贯现象，这是安全行为的忌讳。对某种情绪一时难以控制的人，可临时改换工作岗位或停止其工作，不能使其将情绪可能导致的不安全行为带到生产过程中去。

（二）个性倾向性对人的行为的影响

1. 需要与安全

需要是个体心理和社会生存的要求在人脑中的反映。当人有某种需求时，就会引起人的心理紧张，产生生理反应，形成一种内在的驱动力。形成需要有两个条件：一是个体感到缺乏什么东西，有不足之感；另一个是个体期望得到什么东西，有求足之感。需要就是这两种状态形成的一种心理现象。

安全需要是人的基本需要之一，并且是低层次需要。在企业生产中，建立起严格的安全生产保障制度是极其重要的，如果没有保证生产安全的必要条件，那么这种客观的不安全会使人产生心理上的不安全感。

2. 动机与安全

动机是为了满足个体的需要和欲望，达到一定目标而调节个体行为的一种力量。它主要表现在激励个体去活动的心理方面。动机以愿望、兴趣、理想等形式表现出来，直接引起个体的相关行为。可以这样说，动机在人的一切心理活动中有着最为重要的功能，是引起人的行为的直接原因。

根据原动力的不同，可以把动机分为内在动机和外在动机两种。内在动机指的是个体的行动来自个体本身的自我激发，而不是通过外力的诱发。这种自我激发的源泉在于行动所能引起的兴趣和所能带来的满足感。正是在这种兴趣与满足感的驱使下，行为主体才会主动地做出某些不需外力推动的行为，并且一直贯彻下去。外在动机是指推动行动的动机是由外力引起的。许多心理学家特别强调外在动机对个体行为的影响和作用。实际上，任何的奖励和惩罚措施背后都隐藏着外在动机的作用。

积极讨论:

1. 讨论哪些性格特征者，一般容易发生事故。

2. 探讨气质类型，即胆汁质、多血质、黏液质和抑郁质各自的气质特征。

四、安全文化

安全文化是企业在长期安全生产和经营活动中逐步形成的，或有意识塑造的为全体员工接受、遵循的，具有企业特色的安全价值观、安全思想和意识、安全作风和态度。

一个企业的安全文化是企业在长期安全生产和经营活动中逐步培育形成的，具有本企业的特点，为全体员工认可和遵循并不断创新的观念、行为、环境、物态条件的总和。企业安全文化包括保护员工在从事生产经营活动中的身心安全与健康，既包括无损、无害、不伤、不亡的物质条件和作业环境，也包括员工对安全的意识、信念、价值观、经营思想、道德规范、企业安全激励进取精神等安全的精神因素。企业安全文化是“以人为本”多层次的复合体，由安全物质文化、安全行为文化、安全制度文化、安全精神文化组成。

安全文化建设是事故预防的一种“软”力量，是一种人性化管理手段。安全文化建设通过创造一种良好的安全人文氛围和协调的人机环境，对人的观念、意识、态度、行为等形成从无形到有形的影响，从而对人的不安全行为产生控制作用，以达到减少人为事故的效果。利用文化的力量，可以利用文化的导向、凝聚、辐射和同化等功能，引导全体员工采用科学的方法从事安全生产活动。利用文化的约束功能，一方面形成有效的规章制度的约束，引导员工遵守安全规章制度；另一方面通过道德规范的约束，创造一种团结友爱、相互信任，工作中相互提醒、相互发现不安全因素，共同保障安全的和睦气氛，形成凝聚力和信任力。

积极讨论：

1. 讨论成功企业的安全文化案例。

2. 探讨企业安全文化有哪些主要功能。

读书笔记

任务1-1

实验室消防安全管理

任务背景

火，本义指物体燃烧时产生的光焰。早在先秦之际，人便学会使用木燧取火煮饭，中国人做饭靠掌握火候，也是从那时就开始的。文火武火掺融汇合，融会贯通阴阳之化，成就新时代中国人餐桌上那一道道美味佳肴，满足了人们的舌尖味蕾。火，毁也，火在带来生活便利的同时，也能导致事故，对实验室而言，火灾影响着实验室的消防安全，对实验室人员生命及科学教研正常运行构成重大挑战，有效提升消防安全管理水平是实验室管理工作的重点。

小W是化学实验室的科研人员，实验室组织火灾应急演练，假设小W在做实验过程中，通风橱内容器中可燃液体苯突然着火燃烧，在场人员应如何进行正确灭火。

任务目标

知识目标	了解消防法律法规、防止火灾发生的基本原则 掌握灭火的基本原理，灭火器的使用方法
能力目标	能对各类实验室火灾采取正确的扑救和疏散措施
素养目标	具备法治意识、责任意识和安全意识

工作任务

分别通过理论简答和技能操作两种方式完成B类火灾的扑救。

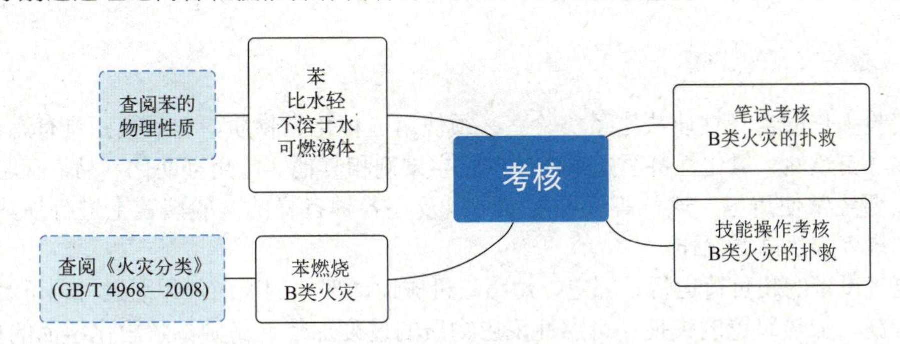

任务描述

项目	任务描述
理论任务	实验室通风橱内容器中可燃液体苯突然着火燃烧，从理论上简述如何进行灭火操作
技能任务	实验室相关人员在苯（可燃液体品种可进行调换）火灾初起阶段采取相应措施防止火灾范围扩大，并根据火灾种类及燃烧物性质选择灭火器种类，按步骤操作灭火器，视火情拨打火警 119 请求支援

任务资讯

一、消防法律法规的相关规定

（1）《中华人民共和国消防法》第二条规定，消防工作实行消防安全责任制。相关法规规定法人单位的法定代表人或者非法人单位的主要负责人是单位的消防安全责任人，对本单位的消防安全工作全面负责。

（2）所有单位应根据实际需要指定本单位的消防安全管理人，组织实施相关消防安全管理工作。

（3）所有单位都要制订消防安全制度、消防安全操作规程，制订用火、用电等内容的消防安全管理制度，并切实执行。

（4）所有单位都必须加强员工的消防意识教育，从思想上树立“预防为主，防消结合”的消防意识。

（5）通过消防知识教育，使员工具备必要消防技能。

二、实验室火灾的起因和预防

（一）实验室火灾的起因

实验工作的自身性质决定了实验室必须使用多种化学物质，包括某些具有燃烧性、助燃性、自燃性、氧化性甚至是爆炸性的化学试剂和其他实验用辅助化学品，实验过程中还需要经常使用电、燃气等多种能源，以及在各种各样的实验装置上进行加热、蒸馏、灼烧等强热高温操作。

电气设备的超负荷运行、漏电、短路，机械运动部件的长时间超温运行，可燃烧物质的泄漏，加热装置的失控，可燃性反应物质的过度加热、暴沸，禁忌化学品的接触、混合，或者其他错误的实验操作，以及外来火种的侵入（其他部门的燃烧、爆炸或火灾事故的干扰）等都有可能成为导致实验室发生火灾的激发因素。

实验室具有可燃物、氧化物、热源等“燃烧三要素”同时存在的可能，存在发生燃烧，甚至爆炸危险的不安全因素。根据事故致因原理，危险因素一旦失控（如超过预定的温度、压力或脱离原先的实验设施等），就有可能导致事故。

因此，实验室人员必须学习并掌握火灾的预防等基本的消防知识，学会火灾扑救的实际技能，发生火灾的时候可以及时有效应对，控制并降低灾害的破坏程度。

小贴士

据统计，电气火灾约占全部火灾总数的30%，而电气线路火灾占电气火灾的60%以上。几乎所有的电气火灾都是电流过大或电阻较大使得温度过高，绝缘层燃烧，最终造成火灾，为避免这类电气线路火灾，除了牢记安全常识外，购买电线时还要认准正规厂家。

（二）实验室火灾的预防

实验室必须做好以下火灾预防工作。

1. 实验室建筑物、构筑物必须符合防火要求

建筑物的耐火性对防止外部火灾对建筑内部的影响，或者避免建筑物内部的火灾向外部扩散蔓延具有重要意义。实验室建筑应根据实验室的规模、火灾危险性等因素确定其耐火等级，并依据GB 50016—2014《建筑设计防火规范（2018年版）》的要求进行设计及建造。

实验室室内布置也应该充分考虑安全防火的需要，避免影响火灾扑救和堵塞疏散通道。

实验室必须安装通风系统且通风良好，避免实验中排放的气体（尤其是可燃烧气体或蒸汽）的积聚。

2. 做好工程管网安全防火

实验室工程管网布置首先必须服从安全要求，管道的材质、压力等级、制造工艺、焊接、安装质量必须符合国家有关规定，具有良好的密闭性能，在可能发生静电的管线上应该妥善接地或安装静电导除设施。

管线上应该按规定涂刷颜色标志（或文字），以示区分。压力管线要有防止高低压窜气、窜液措施。

排放含有可燃烧气体（蒸汽）的管道，出口应设置“安全水封”或“阻火器”。

3. 做好实验用压力容器安全防火

实验用压力容器必须采购自国家认可的制造商，并附有检定证书。自行设计制造的压力实验装置必须严格执行国家相关安全规范，委托符合资质要求的专业设计机构设计，交由符合资质要求的专业制造商加工制作，并经过国家认可的质量检验部门检测、鉴定合格方可投入实验运行。

压力容器动火，必须事先办理动火审批手续。动火前要做压力容器内部可燃爆炸性气体分析，如有可燃爆炸性气体存在，则坚决不准动火，应进行通风、置换处理，再分析，直到合格为止。

在用的实验用压力容器，必须做好日常维护保养，确保完好和安全使用，并定期检

验、检测，确保其防火安全。

小贴士

在输送、盛装易燃物料的压力容器上动火时，应将系统和环境进行彻底的清洗或清理，然后用惰性气体进行吹扫置换，气体分析合格后方可动火，同时可燃气体应符合：爆炸下限大于4%的可燃气体或蒸汽，浓度应小于0.5%；爆炸下限小于4%的可燃气体或蒸汽，浓度应小于0.2%。

4. 做好实验室日常工作安全防火

（1）严格控制易燃易爆物品的使用和储存。

（2）采取必要的安全措施避免易燃物与助燃物的接触。

（3）控制和消除点火源，避免产生事故火花。

（4）工作中养成良好的防火习惯。

（5）按有关规定做好气体钢瓶的安全管理。

（6）高度重视并做好燃气的安全使用。

（7）使用瓶装液化石油气必须遵守GB/T 5842—2022《液化石油气钢瓶》的相关安全要求。

（8）保证电气装置处于优良的防火状态。

小贴士

实验室中易燃易爆场合应注意：工作人员禁止穿钉鞋，不得使用铁器制品；搬运可燃物体和易燃液体的金属容器时，禁止在地面上滚动、拖拉或抛掷；实验室吊装可燃物料的起重设备，应经常检查，防止吊绳等断裂下坠事故；如果机器设备必须使用发生火花的各种金属制造，应当使其在真空或惰性气体中操作。

5. 编制灭火对策表，指导灭火工作

根据实验室的物资情况，编制灭火对策表，并在特定位置以“看板”的形式公布于众，提醒全体员工注意防范及指导消防技术。

6. 按照防火规范要求配备必要的消防设施

（1）根据消防规范配置各种消防设施（包括防烟面罩等），定点放置，方便使用。

（2）配备消防设施必须与可能发生的火灾类型和抢救物资相适应，数量上应能满足前期初起火灾扑救（控制火头）的需要。

（3）消防器材应存放于实验室内（外）方便取用、清洁、阴凉的位置。特别容易发生火警苗头的实验场所，可以在实验地点适当位置布置适量小型灭火器具，但必须注意避免妨碍日常实验操作、人员的疏散逃生及被实验试剂、试样及实验排放物腐蚀或损害。

（4）消防器材必须从具有国家认可资质的生产厂或供应商处采购，并应附带有合格证书，不得向无证的厂商购买。

（5）指定专人负责对所有消防器材、灭火器具做好日常清洁和维护保养，并定期检查，及时更换或补充灭火药剂。

（6）发现消防器材、灭火器具出现异常状况，应及时向企业安全、消防管理部门或主管人员报告，及时予以纠正或消除异状，确保随时处于完好、备用状态。

（7）实验室人员应熟悉常用消防器材的使用方法，并适时演练。

7. 经常进行安全防火检查

（1）坚持每天工作前后都进行一次安全检查，发现问题要及时处理，没有解决前不得进行实验。

（2）电气设备、燃气等产生热量的器具必须保持完好，在使用前后都要进行检查，避免在使用过程中发生事故或遗留隐患。

（3）根据企业安全工作要求，定期对实验室进行全面的安全防火检查，并对在检查中发现的隐患进行认真的整改，以保证实验工作的安全开展，为实现企业发展目标服务。

三、灭火的基本原理和常用灭火剂

（一）灭火的基本原理

1. 燃烧与灭火的关系

燃烧是物质之间满足燃烧条件导致急剧的氧化还原反应发生及延续，而“灭火”则是使这种反应停止，不再延续进行。

2. 灭火的实质

灭火的核心是采取一切可以采取的措施（手段），破坏已形成的“燃烧三要素”的组合，从而使燃烧停止，其实质是使“燃烧三要素”不能同时存在，没有了着火的机会，燃烧也就停止。

（二）常用的灭火方法

1. 隔离法

撤除、隔离可燃物，利用外力使可燃物与燃烧物分隔开。“着火区”没有了可燃物的补充，燃烧反应将自动停止。

隔离法的“外力”通常用“机械”或者冲击力（包括使用高压水流强力喷射产生的“切割”力）的方法实现。

2. 冷却法

把能够大量吸收热量的灭火剂喷射到燃烧物上，使燃烧物的温度下降，当燃烧区温度低于可燃物体的燃点时，燃烧即停止。

冷却法常用的灭火剂有水、水蒸气、二氧化碳。

3. 窒息法

用不燃（或难燃）物品覆盖在燃烧物上，或以窒息性气体稀释燃烧区的空气，使燃烧得不到足够的助燃空气（氧）而熄灭。

窒息法常用泡沫、二氧化碳、水蒸气、干粉、EBM气溶胶、七氟丙烷（FM-200）等；还可以用干的沙土、湿毛毯、湿棉被或其他可以把着火物的表面加以覆盖的物体。

4. 燃烧反应中断法

使用特殊的灭火剂，喷射到燃烧区中，与燃烧反应所产生的活性基团（自由基）结合，使燃烧反应的“链”中断，从而达到灭火的目的。燃烧反应中断法常用干粉、水蒸气、EBM气溶胶、七氟丙烷（FM-200）。

在上述方法当中，冷却法是最常用的灭火方法。

（三）常用灭火剂

1. 水

在火灾扑救工作中，水是最常用的重要灭火剂。

水具有很高的吸热能力，因此水在火灾扑救中是一种高效的冷却剂。水受热汽化产生的水蒸气，可以稀释火场的空气，具有“窒息灭火”作用。水蒸气对火灾中的“自由基”也有很好的吸收功能。此外，很多可燃物质燃烧产生的有毒气体能够被水蒸气或水溶解吸收。

水有灭火禁忌，比如某些物质可以与水发生反应产生热量甚至产生可燃气体。某些活泼金属在高温下可以与水作用加剧燃烧。一些密度小于水的可燃液体，可以漂浮在水面上继续燃烧和扩散。高压直流水可使粉状或絮状可燃烧物质强烈扰动并飞扬，增加与空气的接触和混合，加速燃烧扩大火灾。对火场中的高温设备用水灭火时，要防止水喷到高温物体发生水蒸气爆炸。

水的导电性能也限制了它在电气火灾中的应用。受潮可能变形的物质如文件、资料、纸制品等，非不得已不要使用水作灭火剂。

2. 干粉

干粉灭火剂是一类以具有灭火性能的、干燥易于流动的粉末（以碳酸氢钠制作称为BC干粉，以磷酸铵盐制作则称ABC干粉）为灭火基料，加上防潮剂、流动促进剂、结块防止剂等辅料的灭火剂，通常以二氧化碳或氮气为驱动气体，制作成储气瓶式或储压式灭火器。

在灭火的时候，干粉通常覆盖、黏附在燃烧物的表面，隔绝或降低燃烧物与氧气的接触，起“窒息灭火”的作用，有些干粉还可以大量吸收燃烧空间的热量，使自身发泡或者分解产生二氧化碳等具有灭火性能的物质，提高灭火效果。

干粉灭火剂适用于石油产品、油漆等易燃可燃液体，可燃气体和电气设备的初起火灾扑救。某些干粉还具有吸收“自由基”的特殊功能。

干粉的最大缺点是灭火后有残留，火灾后必须清理黏附甚至熔融在燃烧物体表面上的干粉，清理工作比较麻烦。

3. 二氧化碳

二氧化碳是一种不燃烧的窒息性气体，密度大于空气。在火灾现场使用二氧化碳可以降低燃烧空间的氧气含量，从而抑制燃烧蔓延。当二氧化碳从装载容器中喷射时，由于压力的迅速下降，可以导致自身温度下降，甚至部分形成固态二氧化碳（干冰），所以当二氧化碳被喷射至火场时，也可以使燃烧区的温度有所降低，有利于火灾扑救。

二氧化碳在火灾扑救中没有任何残留，是一种高性能的无污染灭火剂，在贵重物品和文件档案火灾扑救中广泛应用。

火灾现场有粉状或絮状可燃烧物质，以及能够与二氧化碳在常温或高温下发生反应的轻金属，不能使用二氧化碳扑救。

4. 泡沫

“泡沫”是一类具有丰富泡沫的“水基”灭火剂的统称，在扑救火灾时主要通过泡沫的覆盖性能隔绝燃烧物与空气的接触，达到窒息灭火的目的，其中携带的少量水还可以对燃烧物起降温作用，泡沫灭火剂分为化学泡沫和空气机械泡沫两种，空气机械泡沫又分为普通蛋白泡沫、抗溶性空气泡沫等。化学泡沫由化学反应产生，泡沫中主要是二氧化碳。空气机械泡沫由水流的机械作用产生，泡沫中主要是空气。它们的灭火原理是相同的。

不同组成的泡沫灭火剂具有各自的特点，分别对不同的特定物质的火灾扑救产生良好的灭火效果。

由于“泡沫”含水，故同时具有水的“灭火禁忌”。此外，泡沫灭火剂在灭火后有残留物，也限制了使用范围。

小贴士

化学泡沫是石油及其产品以及其他许多油类（如汽油、煤油等）的良好灭火剂，但醇类、醚类、酮类等水溶性液体，不宜用化学泡沫扑救。

普通蛋白泡沫可以有效地扑救原油、汽油、煤油和木材等火灾，但不宜用于扑救醇类、醚类、酮类等可溶性液体火灾。

抗溶性空气泡沫灭火剂不仅能扑救醇类（甲醇、乙醇、异丙醇）、酮类（丙酮）、酯类（乙酸乙酯）等水溶性有机溶剂的火灾，而且可以扑救油类非水溶性有机物质的火灾。

常见火灾类型及灭火方法见表1-1。

表1-1　常见火灾类型与灭火方法

火灾等级	燃烧物	应采用的灭火办法	禁用办法
A级	木材、纸、布	水、干冰、二氧化碳、泡沫、干粉	
B级	易燃液体	干冰、二氧化碳、泡沫、七氟丙烷、气溶胶	
C级	易燃气体	干冰、二氧化碳、干粉、七氟丙烷、气溶胶	
D级	碱金属	干的盐（钠或钾），干的石墨（锂）	水、泡沫、二氧化碳

注：因“1211”及四氯化碳等已属于禁用之列，不再讨论。

四、实验室火灾的扑救和疏散

（一）扑救火灾的一般原则

（1）扑救火灾有三十六字口诀：报警早，损失少；边报警，边扑救；先控制，后扑灭；先救人，后救物；防中毒，防窒息；听指挥，莫惊慌。

（2）火灾现场扑救的注意事项。火灾是危害性很大的灾害，扑救不及时可能造成严重的人身和财产损失，但只要在火灾扑救的时候做好以下工作，就有机会把火灾造成的损失尽可能降到最低。

① 沉着冷静，及时准确地报警；

② 不失时机地扑救初起的“火头”；

③ 及时控制火势；

④ 积极抢救被困人员和重要物资；

⑤ 做好救火人员的自我保护；

⑥ 在救灾现场绝对服从指挥。

在火灾扑救过程中，遇到猛烈燃烧的大火突然减弱的时候，切忌贸然前进，以免由于气流扰动引起的火场爆炸造成新的人员伤害发生。

（二）实验室火灾现场疏散

1. 现场疏散的基本原则

① 受伤人员及时疏散撤离，并予以救护。

② 迅速疏散易燃易爆物质及毒性物质。

③ 迅速疏散各种贵重的仪器设备和资料档案。

④ 清疏救援通道，保证消防工作顺利进行。

⑤ 在无法同时进行疏散的时候，应该按先人后物，先重要后次要，先危急后一般，先危险物资后一般物资的顺序进行抢救。

2. 火场人员的自救逃生

突遇火灾要保持镇静，迅速判断危险地点和安全地点，尽快撤离险地，不要盲目地相互拥挤、乱冲乱窜。撤离时要注意朝明亮处或外面开阔地方跑，要尽量往楼层下面跑，若通道已被烟火封阻，则应背向烟火方向离开，通过阳台、气窗、天台等往室外逃生。

规范的建筑物，都会有两条或以上逃生楼梯、通道或安全出口。发生火灾时，要尽快选择进入相对较为安全的楼梯通道。此外，还可以利用建筑物的阳台、窗台、屋顶等攀到周围的安全地点，沿着落水管、避雷线等建筑结构中凸出物滑下也可脱险。

电梯在火灾时随时会断电或因受热变形而将人困在电梯内，同时由于电梯井犹如贯通的烟囱般直通各楼层，有毒的烟雾直接威胁被困人员的生命。因此，千万不要乘普通的电梯逃生。

无法逃生且在被烟气窒息失去自救能力时，应努力滚到墙边或门边，便于消防人员寻找、营救；此外，滚到墙边也可防止房屋结构塌落砸伤自己。

积极讨论：

1. 讨论燃烧和爆炸的区别和联系。

2. 探讨乙炔气瓶严禁沾染油脂类物质的原因。

读书笔记

任务准备

1. 查资料填表

通过查阅资料，将B类火灾类型、燃烧物情况、相应的灭火方法计入表中。

火灾类型与灭火方法对照表

火灾类型	燃烧物	应采用的灭火办法
B类	比水轻而不溶于水的有机物	泡沫灭火器 干粉灭火器 二氧化碳灭火器
B类	比水重而不溶于水的有机物	水
B类	能溶于水或部分溶于水的有机物	抗溶性泡沫灭火器

2. 准备单

设备信息表

名称	规格	数量
泡沫灭火器		1人/个
干粉灭火器		1人/个
二氧化碳灭火器		1人/个

试剂材料表

名称	规格	浓度/数量
苯	工业用	
黄沙		
水		

1. 理论任务作答

2. 技能任务

任务类别	任务内容	要点提示
火灾响应阶段	切断通风橱内电源，防止火灾范围扩大	搬走其他可搬走的易燃物品
灭火执行阶段	根据燃烧物的性质，选择相应的灭火器种类	1. 对于比水轻而不溶于水的有机物，如苯、汽油等引起的火灾可用泡沫灭火器或干粉灭火器扑救，当燃烧面积不大或燃烧物不多时，也可用二氧化碳灭火器。 2. 对不溶于水且密度比水大的易燃液体着火时，可用水扑救，但覆盖在液体上的水层要有一定的厚度。 3. 对于能溶于水或部分溶于水的有机物，如醇类、酯类、酮类等引起的火灾，应用抗溶性泡沫、干粉灭火器扑救。当燃烧初期，火势较弱时也可用二氧化碳灭火器扑救
	用灭火器对现场进行控制和处理	以干粉灭火器为例： 1. 将灭火器上下颠摇几次，使桶内干粉松动。 2. 除掉铅封，拔掉灭火器上的保险销。 3. 先用左手抓住灭火器的喷射管，然后右手握住灭火器的压把。将灭火器提到着火点上风口。 4. 在距离火焰大约 2m 处，右手用力压下压把，左手拿着喷管用力摇摆，将灭火器的喷射管对准火源的根部，喷射覆盖燃烧区，直至将火全部扑灭。 注意事项： 1. 灭火器在喷射过程中应保持直立状态，切不可平放或颠倒使用。 2. 若是敞口容器中易燃液体着火，不能用黄沙扑救。 3. 视火情拨打火警 119 请求支援

任务评价

1. 理论任务评价

评价类别	评价要求	教师评价
理论任务	灭火方法书写正确，在规定时间内完成。字迹端正、清楚。满分 100 分，60 分为合格	

2. 技能任务评价（满分 100 分，60 分为合格）

评价类别	项目	要求	人员自评	教师评价
火灾响应阶段（35%）	断电（20%）	操作规范（15%）		
		规定时间内完成（5%）		
	搬走易燃物（15%）	操作规范（10%）		
		规定时间内完成（5%）		
灭火执行阶段（65%）	选择灭火器具（20%）	选择灭火器具正确（15%）		
		规定时间内完成（5%）		
	灭火过程操作（45%）	选择灭火位置正确（10%）		
		灭火器开启正确（10%）		
		灭火喷射位置正确（10%）		
		灭火过程中灭火器状态正确（10%）		
		规定时间内完成（5%）		

任务反思

对照任务实施中技能任务要求梳理消防灭火过程中可能出现的不规范操作，并分析不规范操作对灭火结果的影响。

反思项目	梳理分析
不规范操作	
不规范操作对灭火结果的影响	

任务拓展

依据《中华人民共和国消防法》，针对消防安全管理理论知识和实操技能，课外应加强以下方面的学习和训练。

序号	拓展项目
1	领会建立实验室消防档案和每日防火记录的重要性，学习如何确定实验室消防安全重点部位，如何正确设置防火标识
2	延伸学习 E 类及 F 类火灾类型、燃烧物情况、相应的灭火方法

任务巩固

1．假设你在检测中心理化所从事分析检验工作，在一次食品检验过程中，实验台上的纸张不慎被点燃，你应如何应对？

2．BC类干粉灭火剂适用于哪几类火灾的扑救？ABC类干粉灭火剂不适于扑救木材火灾、轻金属和碱金属火灾及精密仪器设备火灾的原因是什么？

任务1-2 实验室用电安全管理

任务背景

电，指静止或移动的电荷所产生的物理现象。电是现代生活运转的基础。新中国成立初期，百废待兴，电力基础设施的落后严重制约国家经济发展，改革开放后，在电力工作者的艰苦努力下，我国电力技术能力不断取得突破，目前，我国水电规模世界第一、核电技术领跑全球、新能源电力遍地开花。夜晚点点繁星中的万家灯火书写并见证着在电力发展的支撑下，新时代国民经济和居民生活的伟大变迁。电在带来生活工作便利的同时，操作不慎也容易产生事故。

小M是实验室的工作人员，因触及了一台高压带电设备而导致触电事故，此时一旁的小S该如何进行救护？

任务目标

知识目标	了解电的基本性质、认识安全用电的重要性 掌握实验室用电安全的基本方法
能力目标	能对触电事故采取正确的急救措施
素养目标	具备法治意识、责任意识和安全意识

工作任务

分别通过理论简答和技能操作两种方式完成实验室触电的急救。

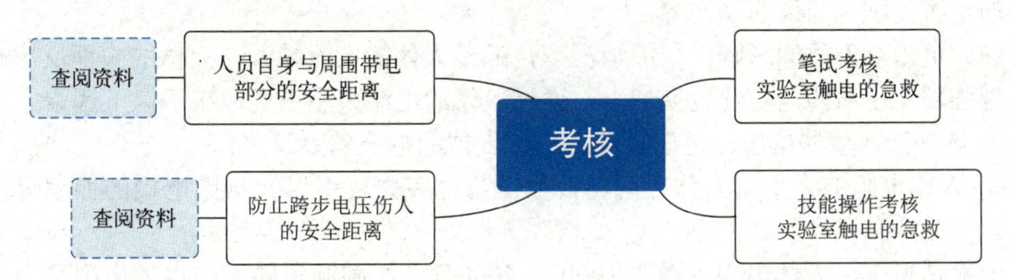

任务描述

项目	任务描述
理论任务	实验室发生触电事故，理论简答如何进行触电急救
技能任务	实验室发生触电事故，救护人员应采取措施切断电源，或选用适合的绝缘工具解脱触电者。触电者脱离带电导线后被带至安全地点立即抢救。分别针对触电者神志清醒、触电者呼吸和心跳均停止等不同情况进行救治

任务资讯

一、触电危害

电能具有使用方便、易于控制的特点，而且在使用过程中，不会给环境带来不良影响，在实验室里广泛应用。但电气事故又往往毫无先兆、瞬间发生，必须认真注意防护。

1. 电的基本性质

电是一种物理现象，来无影去无踪。电力泄漏不容易察觉。其基本性质如下。

① 有很强大的穿透能力，电压越高，穿透能力越强。

② 有很强大的输送能力，可以在瞬间输送大量的能量。

③ 有很强大的感应能力，可以使导电体产生感应电流。

④ 电能的释放既可以获得效益，也可以造成破坏，视其释放对象和释放过程的控制程度而异。

2. 电对人体的危害

（1）电伤。通常指对于人体的伤害，包括电外伤（灼伤）、电内伤（电击）、电光对视力的伤害及触电导致的跌伤等。

（2）电击对人体的影响。一般情况下，通过人体的电流越大，人体的生理反应越明显、越强烈，生命的危险性也就越大。通过人体的电流大小主要取决于以下因素。

① 施加于人体的电压。电压越高，通过人体的电流越大。

② 人体电阻的大小。人体电阻与皮肤干燥、完整程度以及接触电极的面积等因素有关。

一般情况下，人体电阻大致为1000～2000Ω，而潮湿条件下的人体电阻约为干燥条件下的一半。人体电阻越小，危险性越大，而且人体电阻呈非线性，随着接触电压增高而降低。

③ 电击的路径。通过（或接近）心脏或脊柱的电击危害性最大。

④ 电流的性质。交流电比直流电危险。电流作用与人体伤害的关系见表1-2。

表1-2　电流作用与人体伤害的关系

电流/mA	触电现象	
	工频电（50～60Hz）	直流电
0.6～1.5	开始有感觉，手指微颤抖	无感觉
5～10	感觉强烈，产生痉挛，动作困难，但尚能摆脱	发痒发热
10～25	双手麻痹，呼吸困难，无法摆脱电源	手肌肉稍有紧张
50～80	呼吸麻痹，心脏开始震颤	肌肉紧缩，呼吸困难
90～100	呼吸麻痹，延续3s心脏震颤	呼吸麻痹

⑤ 性别。在相同情况下，女性的感觉和受伤程度都比男性大。

小贴士

数十至数百毫安的小电流通过人体短时间使人致命的最危险的原因是引起心室纤维性颤动。呼吸麻痹和中止、电休克虽然也可能导致死亡，但其危险性比引起心室纤维性颤动的危险性小得多。发生心室纤维性颤动时，心脏每分钟颤动1000次以上，但幅值很小，而且没有规则，血液实际上中止循环，如抢救不及时，数秒至数分钟将由诊断性死亡转为生物性死亡。

3. 触电的形式

（1）单相触电。人体触及带电体的一线，引起触电，电网中性点不接地时受到的电压较小，中性点接地时受到的电压较大。

（2）两相触电。人体触及带电体的两条相线，受到相电压的作用。

（3）跨步电压触电。人进入落地的带电体的电场影响范围，由于电场电位差而受到电击。

工业企业常用三相380V工频（50Hz或60Hz）电，人体单相触电只承受220V以下电压，两相触电则要承受380V电压的作用。

小贴士

故障接地点附近（特别是高压故障接地点附近），有大电流流过的接地装置附近，防雷接地装置附近以及可能落雷的高大树木或高大设施所在的地面附近均可能发生跨步电压电击。

二、触电预防

为了确保在实验室的工作中不致触电，工作人员必须遵守如下安全用电基本守则。

（1）严格遵守电气设备使用规程，不得超负荷用电。

（2）使用电气设备时，必须检查无误后才可开始操作。

（3）操作电器开关，要使用绝缘手柄，动作要迅速、果断和彻底，以避免形成电弧或火花，进而造成电灼伤。

（4）发生电器开关跳闸、漏电保护开关开路、保险丝熔断等现象，应先检查线路系统，消除故障，并确证电器正常无损后，才能按规定恢复线路，更换保险丝，重新投入运行，严禁任意加大保险丝。

（5）电器或线路过热，应停止运行，断电后检查处理。

（6）线路及电器接线必须保持干燥和绝缘，不得有裸露线路，以防漏电及伤人。

（7）实验过程中发生停电，应关闭一切电器，只开一盏检查灯。恢复供电后，按规定进行必要的检查，无误后重新送电进行实验工作。

（8）需要使用高压电源时（如电气击穿试验等），要按规定穿戴绝缘手套、绝缘靴，并站在橡胶绝缘垫上，用专用工具操作。

（9）所有电气设备和辅助设施，不得私自拆动、改装、改接、修理。

（10）室内有可燃气体或蒸汽时，禁止开、关电器，以免发生电火花而引起爆炸、燃烧事故。

（11）定期检查漏电保护开关，确保其灵活可靠。

（12）电器开关箱内，不准放置杂物，并定期进行清洁。禁止用金属柄刷子或湿布清洁电器开关。

（13）发现有人员触电，应立即切断相关电源，并迅速抢救。

（14）每天的实验工作结束后，应切断电源总开关。

三、触电急救

由于电流对神经的刺激作用，触电者往往不能自行摆脱，若不及时抢救，可能出现心跳、呼吸停止（即“假死”），造成生命危险。因此，发生触电事故时，应立即采取下列措施。

1. 切断电源

迅速切断电源开关或拔下电源插头，无法第一时间切断电源时，用绝缘工具切断电线，或用干木棒、竹竿或用干布裹手将电线移开，使触电者迅速脱离带电体，并注意避免触电者摔伤。

小贴士

在一定概率下，人触电后能自行摆脱带电体的最大电流称为该概率下的摆脱电流。摆脱概率为50%的摆脱电流，成年男子约为16mA，成年女子约为10.5 mA；摆脱概率为99.5%的摆脱电流，则分别约为9 mA和6 mA。

2. 移走患者

迅速把患者移至安全通风处，松解衣服，使其呼吸新鲜空气，患者神志清醒时，可让其安静休息；神志不清醒者，应请医生诊治；若患者“假死”，应立即施行“复苏术”抢救。

3. 复苏抢救

（1）使用“呼吸器”进行人工呼吸

① 使患者仰卧，解衣宽带，术者先将患者口腔中的假牙、血块和呕吐物清除，使呼吸道通畅。

② 给伤员佩戴上“呼吸器”，按照“呼吸器”的相关说明进行操作。注意：手动挤压气囊时必须用力，使伤员胸部“隆起”约2s，放松3s，10～15次/min。

（2）无“呼吸器”情况下的“徒手”人工呼吸

① 口对口人工呼吸法

a．患者仰卧，宽衣解带，术者先将患者口腔中的假牙、血块和呕吐物清除，使呼吸道通畅。

b．术者使患者头向后仰，捏鼻（避免漏气），接着术者用嘴紧贴患者嘴（可以垫一层纱布），大口吹气约2s，然后放松约3s。

c．重复进行操作，10～15次/min（图1-1）。

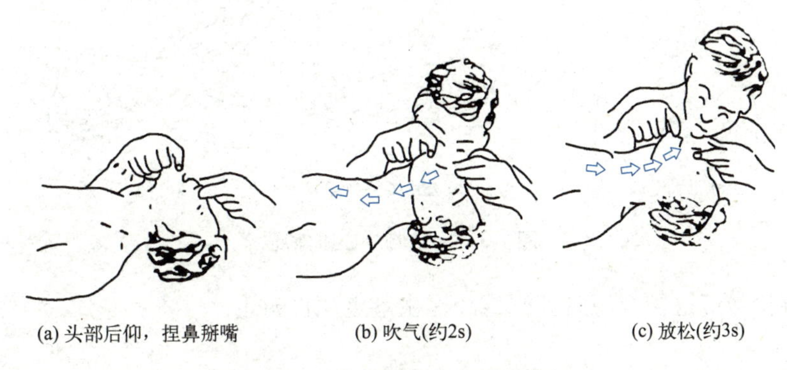

(a) 头部后仰，捏鼻掰嘴　(b) 吹气(约2s)　(c) 放松(约3s)

图1-1　人工呼吸（口对口式）

② 口对鼻人工呼吸法。操作与“口对口人工呼吸法”基本相同，只是“捏鼻”和“向嘴吹气”改为“捂嘴”和“向鼻孔吹气”，适用于嘴部可能沾染有毒性物质的受伤人员。

③ 仰卧牵臂人工呼吸法（史氏人工呼吸法）。当因故不宜进行口对口（鼻）人工呼吸时（如伤员口、鼻均可能沾染毒性物质，或者伤员是孕妇，或腹部受伤者，需避免使患者腹部受到挤压），可采用仰卧牵臂人工呼吸法（见图1-2）。操作要领如下。

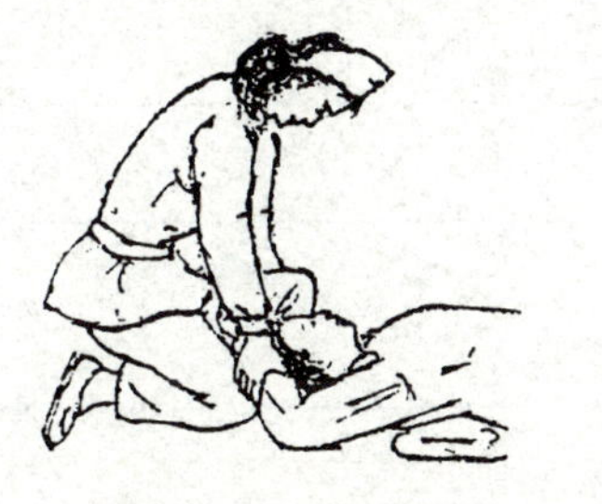

(a) 仰卧牵臂人工呼吸法准备动作

(b) 仰卧牵臂人工呼吸法牵拉动作

图1-2　仰卧牵臂人工呼吸法

a．使患者仰卧，松解衣扣和腰带，除去假牙，清除病人口腔内痰液、呕吐物、血块、泥土等异物，保持呼吸道畅通。

b．救护人员位于患者头顶一侧，两手握住患者两手，交叠在胸前，然后握住两手向左右分开伸展180°，接触地面。

c．救护人员在患者双手接触地面后，重新拉回至其胸前。然后重复步骤b、c的操作。

d．速度与其他人工呼吸法速度相同，成人为16～18次/min、儿童18～24次/min。

（3）心脏按压术

① 术者跪在患者一侧或骑跪在患者身上，两手相叠，掌根放在患者心窝稍高的地方。

② 掌根用力向下按压3～4cm（儿童1～2cm），按压后掌根迅速放松，让患者胸部自动复原，放松时掌根不必离开胸部。

③ 50～60次/min，儿童患者可单手按压，速度略快些。见图1-3。

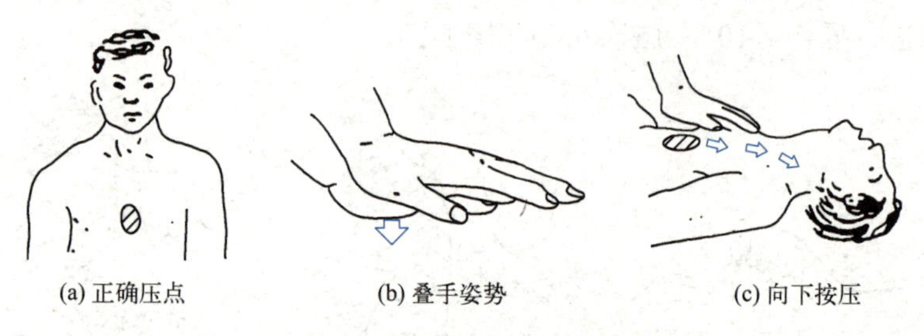

(a) 正确压点　(b) 叠手姿势　(c) 向下按压

图1-3　人工胸外心脏按压

④ 复苏抢救应进行至患者苏醒或经医生鉴定死亡为止。

积极讨论：

1．讨论为什么电弧烧伤是最危险的电伤。

2．探讨哪些物质属于固体绝缘材料，哪些物质属于液体绝缘材料。

读书笔记

任务准备

1. 查资料填表

通过查阅资料，将救护人员在抢救过程中保持自身与周围带电部分的安全距离、防止跨步电压伤人的安全距离分别计入表中。

救护人员与带电体安全距离对照表

电压类型	有无遮拦	人员及其所携带工具与带电体的安全距离
低压	—	＞0.1m
10kV高压	有	＞0.35m
10kV高压	无	＞0.7m

防止跨步电压伤人的安全距离对照表

漏电类型	防止跨步电压伤人的安全距离
断线接地	4～8m

2. 准备单

器具材料表

名称	规格	数量
绝缘手套		1双/人
绝缘靴		1双/人
干木棒		若干
铁棒		若干

任务实施

1. 理论任务作答

____

____

____

____

____

2. 技能任务

任务类别	任务内容	要点提示
触电响应阶段	切断电源，或用绝缘工具解脱触电者	1．立即切断电源。 2．在找不到开关，无法切断电源的情况下，可用绝缘物体将电线拨开，使触电者脱离电源。 注意事项： 1．救护人员在抢救前首先应注意保持自身与周围带电部分的安全距离。 2．若触电者触及落在地上的带电高压导线，且尚未确证线路无电，救护人员在未做好安全措施（如穿绝缘靴或临时双脚并紧跳跃接近触电者）前，不能接近，防止跨步电压伤人
触电救护阶段	移走触电者	触电者脱离带电导线后应迅速将其带至 4 ～ 8m 以外后立即抢救。 注意事项： 只有在确证线路无电，才可在触电者离开触电导线后立即就地进行急救
	复苏抢救	1．触电者如神志清醒，应使其就地平躺，严密观察，暂不要站立走动。 2．若触电者意识丧失，应在 10s 内观察判定伤员呼吸心跳情况。 3．触电者呼吸和心跳均停止，应立即进行心肺复苏（心肺复苏三步骤：畅通气道、人工呼吸、胸外按压），伤员脉搏呼吸未恢复，心肺复苏抢救不停止，医务人员未接替抢救前，现场抢救人员不得放弃抢救

任务评价

1. 理论任务评价

评价类别	评价要求	教师评价
理论任务	触电急救方法正确，在规定时间内完成。字迹端正、清楚。满分 100 分，60 分为合格	

2. 技能任务评价（满分 100 分，60 分为合格）

评价类别	项目	要求	人员自评	教师评价
触电响应阶段（30%）	切断电源（15%）	操作规范（10%）		
		规定时间内完成（5%）		
	帮助触电者摆脱（15%）	绝缘工具选择正确（10%）		
		规定时间内完成（5%）		
触电救护阶段（70%）	移走触电者（25%）	确证线路有 / 无电（10%）		
		有电，绝缘防护措施到位，带触电者至 4 ～ 8m 以外（10%）		
		规定时间内完成（5%）		
	复苏抢救（45%）	神志清醒时抢救方法正确（10%）		
		意识丧失时抢救方法正确（10%）		
		呼吸心跳停止时抢救方法正确（10%）		
		医护人员到达前做法正确（10%）		
		规定时间内完成（5%）		

任务反思

对照任务实施中技能任务要求梳理触电急救过程中可能出现的不规范操作，并分析不规范操作对救护结果的影响。

反思项目	梳理分析
不规范操作	
不规范操作对救护结果的影响	

任务拓展

针对实验室用电安全管理理论知识和实操技能，课外应加强以下方面的学习和训练。

序号	拓展项目
1	延伸学习保护接零和保护接地系统的安全原理
2	了解绝缘材料受到电气、高温、潮湿、机械、化学、生物等因素的作用时可能遭到破坏的三种形式

任务巩固

1. 在一次化学实验过程中，实验室突然停电，经检查发现保险丝熔断，请补充完整下列消除故障恢复电力运行的过程。

检查线路系统—确证实验室电器正常无损—（　　　　）—更换保险丝—推上电闸—恢复电力供应。

2. 实验室内有可燃气体泄漏，此时能进行正常的开、关电器操作吗？原因是什么？

任务1-3 实验室腐蚀性化学品安全管理

任务背景

化学品是指各种元素组成的纯净物和混合物，它与人们的衣食住行有着千丝万缕的联系。青蒿素就是一种化学品，中国科学家屠呦呦因成功研制青蒿素获得2015年诺贝尔生理学或医学奖。在发现青蒿素以前，人类饱受疟疾之害，屠呦呦团队克服各种不利条件，在经历190次实验失败后，终于通过低温化学萃取成功得到青蒿乙醚中性提取物，为人类成功抗击疟疾做出巨大贡献，世界卫生组织把青蒿素类药物作为首选抗疟药物。“呦呦鹿鸣，食野之蒿”，屠呦呦的成功，源于她淡泊名利、追求真理、孜孜不倦的“品格配方”。化学品在造福人类的同时，也有破坏性的一面，腐蚀性就是其中之一。

实验台上一瓶饱和的氢氧化钾溶液被不小心打翻，溅到实验室分析人员小D的衣服上并渗入皮肤，此时该如何进行碱灼伤救护？

任务目标

知识目标	了解腐蚀性化学品对人体的危害 掌握常见腐蚀性化学品及主要伤害作用
能力目标	能对化学腐蚀事故采取正确的救护措施
素养目标	具备法治意识、责任意识和安全意识

工作任务

分别通过理论简答和技能操作两种方式完成饱和氢氧化钾溶液腐蚀皮肤的急救。

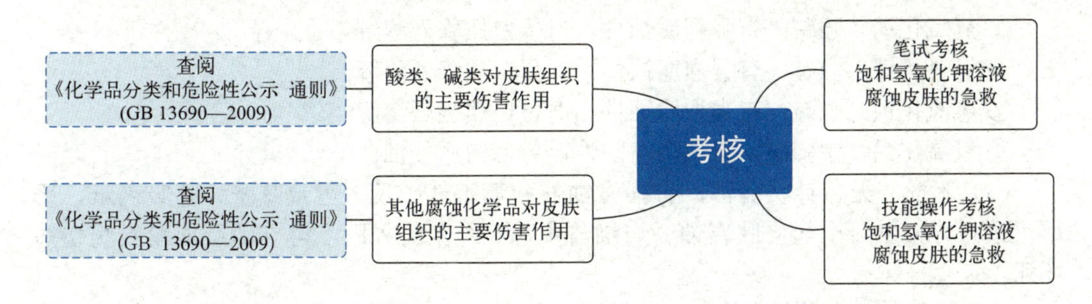

任务描述

项目	任务描述
理论任务	一瓶饱和的氢氧化钾溶液溅到衣服上并渗入皮肤，理论作答如何进行救护
技能任务	发生氢氧化钾溶液腐蚀性安全事故，救护人员采取相应措施帮助受伤人员脱离致伤源，采用冷疗方法进行紧急处理，保护创面后送往医院进行治疗

任务资讯

一、腐蚀性伤害

1. 腐蚀性物质的危险性

没有防护的人体组织和其他生物组织，接触到腐蚀性物质，就可能受到腐蚀，发生组织破坏。

化学腐蚀首先造成体表损害，再逐渐深入组织内部，使深层组织受到损害。如果上述发生作用的腐蚀性物质同时具有毒性或其他危险性质，则这些危险性质会同时对组织发生作用，形成复合伤害，可造成救护困难并导致伤口愈合不良，必须慎重对待。

2. 常见腐蚀性物质及主要伤害作用

（1）酸类

① 硫酸。强酸，有强烈腐蚀性和氧化性，浓硫酸具有强烈的脱水性。接触浓硫酸可能被严重烧伤。

② 硝酸。强酸，有强烈腐蚀性和氧化性，浓硝酸与蛋白质能产生“黄蛋白”效应。

③ 盐酸。强酸，有强烈腐蚀性，但对人体的腐蚀比较弱。

④ 磷酸。中强酸，高浓度时对人体组织有腐蚀作用。

⑤ 草酸。有机酸，有毒。

（2）碱类

① 氢氧化钠。强碱，有强烈腐蚀性，对蛋白质强烈溶解。

② 氢氧化钾。强碱，有强烈腐蚀性，对蛋白质强烈溶解。

③ 氢氧化钡。强碱，有强烈腐蚀性，对蛋白质强烈溶解。

④ 氢氧化钙。中强碱，有较强腐蚀性，对蛋白质侵蚀。

（3）苯酚。无色针状晶体，有强腐蚀性和毒害性；吸入可致眩晕、呼吸困难，严重可致死。接触可引起皮肤腐蚀、灼烧与中毒。纯苯酚入眼，可立即造成角膜灼伤并坏死。

（4）三乙基铝。无色液体，有自燃性；有腐蚀性；人体接触可引起组织破坏出现烧伤症状，剧烈疼痛；本品燃烧产生的烟雾会刺激气管和肺部。

二、化学腐蚀的预防

（1）使用化学腐蚀性物质时，要穿戴好防护用品，包括使用防护眼镜、橡胶手套等，皮肤上有伤口时要特别注意防护。

（2）实验室内应备有充足水源，并配备有20～30g/L的稀碳酸氢钠及稀硼酸（或稀乙酸）溶液，以备急救时使用。

（3）大瓶腐蚀性物质应使用手推车或双人担架搬运；移动或打开大瓶液体时，瓶下应垫橡胶垫，防止与地板直接碰撞破裂；开启用石膏封口的大瓶腐蚀性物质时，应先用水把石膏泡软，再用锯子小心把石膏锯开，严禁锤砸敲打。

（4）禁止使用浓酸（或浓碱）直接进行中和操作，需要进行中和操作时，应先予以稀释。

（5）稀释浓酸（特别是浓硫酸）时，必须在耐热的容器（如烧杯）中进行，在搅拌下缓缓地将浓酸倒入水中，绝不允许相反操作，且不许用摇动代替搅拌。溶解固体氢氧化钠（或其他强碱）时，也应该在烧杯中进行。

（6）压碎或研磨腐蚀性物质时，要防止碎块飞溅伤人。

（7）使用挥发性腐蚀性物质或有腐蚀性气体产生的实验，应在通风柜或抽气罩下进行，以限制其影响范围。

（8）对于同时具有其他危险性质的腐蚀性物质，实验时要同时做好相应防护措施，防止发生连带伤害。

（9）在使用腐蚀性物质的时候要特别加强对眼睛的防护。

三、腐蚀性伤害的急救

1. 化学性皮肤烧伤

对化学性皮肤烧伤，应立即移离现场，迅速脱去受污染的衣裤、鞋袜等，并用大量流动的清水冲洗创面20～30min（强烈的化学品时间要更长），以稀释有毒物质，防止继续损伤和通过伤口吸收。新鲜创面上涂油膏或红药水、紫药水，不要用脏布包裹。黄磷烧伤时应用大量清水冲洗、浸泡或用多层干净的湿布覆盖创面。

2. 化学性眼烧伤

眼睛是人的“灵魂之窗”，对生活和工作极为重要，如发生损伤应优先救护。

（1）要在现场迅速用清水进行冲洗。应使用流动的清水，冲洗时将眼皮拨开，把裹在眼皮内的化学品彻底冲洗干净。

（2）现场若无冲洗设备，可将头埋入清洁盆水中，拨开眼皮，让眼球来回转动进行洗涤。若电石、生石灰颗粒溅入眼内，应当先用蘸石蜡油或植物油的棉签去除颗粒后，再用清水冲洗。

3. 常见几种腐蚀性物品触及皮肤时的急救方法

（1）硫酸、发烟硫酸、硝酸、发烟硝酸、氢氟酸、氢氧化钠、氢氧化钾、氢化钙、氢碘酸、氢溴酸、氯磺酸触及皮肤时，应立即用水冲洗。如皮肤已腐烂，应用水冲洗20min以上，再护送至医院治疗。

（2）三氯化磷、三溴化磷、五氯化磷、五溴化磷、溴触及皮肤时，应立即用清水冲洗15min以上，再送往医院救治。磷烧伤可用湿毛巾包裹，禁用油质敷料，以防磷吸收引起中毒。

（3）盐酸、磷酸、偏磷酸、焦磷酸、乙酸、乙酸酐、氢氧化铵、次磷酸、氟硅酸、亚磷酸、煤焦酚触及皮肤时，立即用清水冲洗。

（4）无水三氯化铝、无水三溴化铝触及皮肤时，可先干拭，然后用大量清水冲洗。

（5）甲醛触及皮肤时，可先用水冲洗后，再用酒精擦洗，最后涂以甘油。

（6）碘触及皮肤时，可用淀粉质（如米饭等）涂擦，这样可以减轻疼痛，也能褪色。

小贴士

口服强酸后，应立即饮用或向胃内灌入弱碱类溶液进行中和。然后内服生蛋清、牛奶或豆浆，用以保护烧伤的黏膜创面。禁忌催吐和胃管洗胃，也不能服用碳酸氢钠溶液，以免胃肠道内胀气，导致穿孔。

口服强碱后，应快速给予食用醋，3% ~ 5%乙酸或5%稀盐酸口服，或饮用大量橘汁或柠檬汁中和。继而给蛋清水、牛乳、豆浆、植物油口服。

积极讨论：

1. 讨论配制稀硫酸时，为什么不能将水倒入浓硫酸中。

2. 从原理上探讨实验室准备稀硼酸的原因。

读书笔记

任务准备

1. 查资料填表

通过查阅资料，将酸类、碱类及其他腐蚀化学品对皮肤组织的主要伤害作用计入表中。

腐蚀化学品对皮肤组织的主要伤害作用对照表

化学品名称	对皮肤组织的主要伤害
硫酸	强烈的腐蚀性，浓硫酸还具有强烈的脱水性，接触浓硫酸可能被严重烧伤
硝酸	强烈的腐蚀性，浓硝酸和蛋白质能产生黄蛋白效应
盐酸	强烈的腐蚀性，但对人体的腐蚀比较弱
氢氧化钠	强烈的腐蚀性，对蛋白质强烈溶解
氢氧化钾	强烈的腐蚀性，对蛋白质强烈溶解
氢氧化钙	较强腐蚀性，对蛋白质侵蚀
苯酚	强腐蚀性，纯苯酚入眼，可立即造成角膜灼伤并坏死
三乙基铝	有腐蚀性，人体接触可引起烧伤症状，剧烈疼痛

2. 准备单

器具试剂材料表

名称	规格	浓度/数量
KOH		2mol/L
清水		适量
硼酸		4%
毛巾		2条
冰块		1桶
剪刀		1把

任务实施

1. 理论任务作答

2. 技能任务

任务类别	任务内容	要点提示
响应阶段	脱离致伤源，除去衣服	1. 使伤者脱离伤害现场。 2. 除去受伤部位的衣物，必要时使用剪刀。 注意事项： 切忌让受伤者奔跑叫喊，以防头面部、呼吸道进一步损伤
现场救治阶段	冷疗，用清水或冰块进行紧急处理	流动清水冲洗污染的皮肤 20min 或更久，冲洗到创面无滑腻感。 注意事项： 1. 清水温度控制在 10 ～ 15℃。 2. 不要用酸性液体冲洗，以免产生中和热加重灼伤。 3. 脸及躯干部分，可用润湿的毛巾包上冰块冷敷
	保护创面，硼酸湿敷	1. 用硼酸湿敷患处 10min。 2. 用消毒纱布轻轻包扎予以保护。 注意事项： 1. 硼酸液浓度控制在 2% ～ 5%。 2. 尽可能保持水疱的完整性，不要撕去腐皮。 3. 创面忌涂有颜色的药物
后续治疗阶段	送往医院进行治疗	6h 内送医

任务评价

1. 理论任务评价

评价类别	评价要求	教师评价
理论任务	救护方法正确，在规定时间内完成。字迹端正、清楚。满分 100 分，60 分为合格	

2. 技能任务评价（满分 100 分，60 分为合格）

评价类别	项目	要求	人员自评	教师评价
响应阶段（20%）	脱离致伤源（10%）	避免二次伤害做法正确（5%）		
		规定时间内完成（5%）		
	除去衣物（10%）	工具使用正确（5%）		
		规定时间内完成（5%）		
现场救治阶段（70%）	冷疗操作（35%）	清水冲洗时间正确（15%）		
		选择清水温度正确（15%）		
		规定时间内完成（5%）		
	保护创面操作（35%）	硼酸浓度选择正确（15%）		
		创面涂抹选择正确（15%）		
		规定时间内完成（5%）		
后续治疗阶段（10%）	送医操作（10%）	送医选择正确（5%）		
		规定时间内完成（5%）		

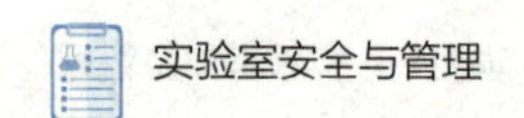

任务反思

对照任务实施中技能任务要求梳理碱灼伤救治过程中可能出现的不规范操作，并分析不规范操作对救护结果的影响。

反思项目	梳理分析
不规范操作	
不规范操作对救护结果的影响	

任务拓展

针对腐蚀性化学品安全管理理论知识和实操技能，课外应加强以下方面的学习和训练。

序号	拓展项目
1	延伸学习压碎或研磨苛性碱或其他腐蚀性固体物质时，应怎样操作，注意事项有哪些
2	查询《危险化学品仓库储存通则》（GB 15603—2022），学习腐蚀性化学品储存、运输和包装安全技术

任务巩固

1．小Q用移液管吸取稀盐酸液体，在操作过程中因为晃动，稀盐酸不慎滴到左胳膊衣服上并渗入，他应如何应对？

2．保护创面过程中，除了使用硼酸湿敷，还可以用哪些物质湿敷？对浓度有什么要求？

任务1-4 实验室毒性物质安全管理

任务背景

一氧化碳是有机化工行业的重要原料，由一氧化碳出发，可以制取几乎所有的基础化学品。由于技术的限制，一氧化碳常常不能百分百参与反应，总会形成一定的工业尾气并污染环境。中国科学家以含一氧化碳的工业尾气为主要原料，经多年联合攻关，在全球首次实现从一氧化碳到蛋白质的一步合成，并已形成万吨级工业产能。此举突破了天然蛋白质植物合成的时空限制，在我国饲用蛋白原料对外依存度长期保持在80%以上、大豆进口最高年份已超过1亿吨的大背景下，不与人争粮、不与粮争地，开辟了一条低成本生产优质饲料蛋白质的新途径，对弥补我国农业短板、促进国家"双碳"目标达成具有深远意义。一氧化碳同时也具有毒性，较高浓度时能使人出现不同程度中毒症状，危害人的生命安全。

小H在实验室使用一氧化碳做合成实验的时候，因未开通风橱导致一氧化碳中毒晕倒，其他工作人员在发现险情后，应采取哪些措施进行急救？

任务目标

知识目标	了解常见毒性气体的种类和对人体的危害 掌握直接式全面罩防毒面具的使用及注意事项
能力目标	能对毒性气体伤害事故采取正确的急救措施
素养目标	具备法治意识、责任意识和安全意识

工作任务

分别通过理论简答和技能操作两种方式完成一氧化碳中毒的急救。

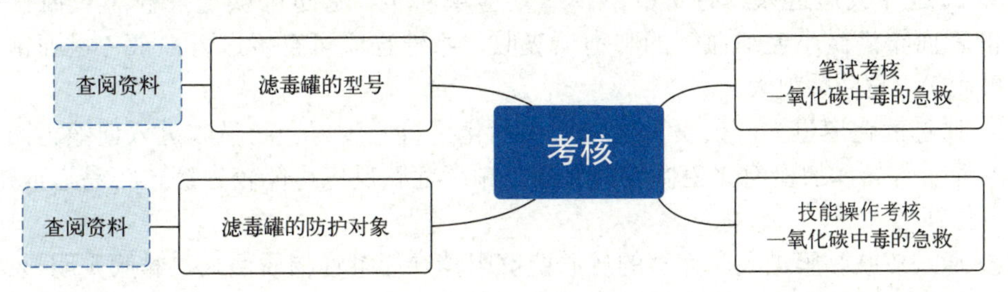

任务描述

项目	任务描述
理论任务	实验室发生人员一氧化碳中毒，理论简答如何进行急救操作
技能任务	实验室工作人员正确选择滤毒罐，佩戴防毒面具进入事故现场，将患者移至空气新鲜处，对其进行除毒害及相应急救处理，并对事故现场进行通风、关闭实验装置

任务资讯

一、中毒和典型毒性物质

1. 中毒

毒性物质经吞食、吸入或皮肤接触进入机体后，造成人员死亡、严重受伤或健康损害，称为中毒。

（1）毒性物质毒害性的一般规律

① 毒性物质在水里的溶解度越大，毒害性越大。

② 毒性物质颗粒越小，液态毒性物质的沸点越低，越容易被吸入肺部引起中毒。

③ 既有水溶性，又具有油溶性的毒性物质极容易经皮肤、黏膜吸收，引起中毒。

（2）中毒程度分类

① 急性中毒。较大量毒性物质突然进入人体，迅速造成中毒，很快引起全身症状，甚至死亡。

② 慢性中毒。少量毒性物质，经多次接触而逐渐侵入人体，可因积累而中毒，进程缓慢、症状不明显，容易被忽视。

③ 亚急性中毒。因介乎急性中毒和慢性中毒之间剂量的毒性物质进入人体（或因积累而达到）而引起。

（3）毒性物质进入人体的途径

① 通过呼吸道进入。有毒的气体、烟雾或粉尘，通过呼吸道，被总表面积超过 $90m^2$ 的表面布满微小毛细血管的肺泡所吸收，毒性物质可直接进入血液，迅速出现全身中毒症状，危险性很大。

② 通过消化道进入。误食毒性物质由消化系统经过胃、肠吸收进入血液。因毒性物质的性质各异，加上消化道体液的作用，中毒症状反应可能较迟缓，容易造成错觉，故不可忽视。

③ 通过皮肤黏膜进入。完整的皮肤能够阻挡一般毒性物质侵入，黏膜则明显逊色。若皮肤有伤口或毒性物质具有腐蚀性，则毒性物质能迅速侵入人体。如毒性物质具有水、油溶解性能，侵入速度更快。中毒程度因情况而异。

2. 典型毒性物质

（1）窒息性物质

① 一氧化碳。无色、无味、无臭、无刺激性气体，易燃，可与空气形成爆炸性混合气体；能与人体内的血红素结合，造成缺氧，使人昏迷不醒，在低浓度下停留，能导致头晕、恶心以及虚脱甚至死亡；与氯在日光下可生成高毒性的“光气”（碳酰氯）。

② 二氧化碳。无色、无味、无臭、无刺激性气体；是动物呼吸排泄的废气；空气中含量较高时可使人嗜睡、昏迷；在高浓度二氧化碳中，可导致窒息甚至死亡。

③ 氰化氢。无色透明液体，易挥发，具有苦杏仁味，具有燃烧性，蒸气可与空气形成爆炸性混合气体；剧毒性物质，作用是破坏体内细胞的呼吸生理而导致窒息，作用迅速，误食氰化氢几乎必死亡，即使黏附于皮肤也会被吸收而致死。

小贴士

一氧化碳中毒属于血液窒息，影响机体传送氧的能力。空气中一氧化碳含量达到0.05%时就会导致血液携氧能力严重下降。二氧化碳中毒属于单纯窒息，此时空气中氧浓度降到17%以下，机体组织的供氧不足。氰化氢中毒属于细胞内窒息，影响细胞和氧的结合能力。

（2）刺激性物质

① 氯。黄绿色气体，有强刺激性气味，具有腐蚀性和强氧化性，与很多物质能发生猛烈的化学反应，低浓度下可引起眼和上呼吸道刺激症状，接触时间较长或浓度较大时症状会加重，引起慢性损害，吸入高浓度氯气，可造成严重伤害，导致呼吸困难、嗜睡，甚至猝死。

② 氨。无色、有强烈刺激性气味的气体，具有可燃性、腐蚀性；对皮肤、黏膜，尤其是对眼睛有强烈刺激，可导致呼吸道刺激和炎症、视力损害。高浓度下可造成严重伤害，甚至死亡。

浓氨水（$NH_3 \cdot H_2O$）溅入眼内，可引起角膜溃疡、穿孔。

③ 二氧化硫。无色气体，具有强烈辛辣气味，容易液化；液态二氧化硫受热或撞击有爆炸危险；人吸入二氧化硫可导致黏膜炎症、脓肿溃疡，高浓度的二氧化硫可致哑嗓、胸痛、呼吸困难、眼睛炎症、发绀、神志不清等危险状态。

（3）麻醉性物质

① 甲醇。无色透明液体，易挥发，易燃烧，有酒精气味。甲醇蒸气被人吸入产生麻醉作用，对视神经伤害性强。急性中毒症状为头晕、酒醉感、恶心、耳鸣、视力模糊，严重时出现复视、眼球疼痛，甚至呼吸衰竭、昏迷、视力丧失；慢性中毒为神经衰弱和植物性神经功能紊乱、视力模糊、胃肠障碍。

误服甲醇1g/kg，即可使人视力丧失，甚至死亡。

② 丙酮。芳香味、无色透明、易挥发、易燃液体；吸入大量蒸气可致流泪、咽喉刺激、酒醉感、气急、发绀、抽搐、昏迷。

③ 四氯化碳。无色液体，有类似氯仿气味；不燃烧，在潮湿空气中或高热作用下可以转化为光气。吸入高浓度四氯化碳可引起黏膜刺激，中枢神经抑制和胃肠道刺激症状；慢性中毒为神经衰弱综合征，损害肝、肾；接触导致皮肤干裂。

（4）致癌性物质

① 砷和砷化合物。吸入含砷蒸气中毒常产生头痛、痉挛、意识丧失、昏迷、呼吸和血管运动中枢麻痹等。误服中毒，口中有金属味，口、咽和食道有灼烧感，恶心呕吐，剧烈腹痛；呕吐物先呈米汤样，后带血；全身衰竭，最后皮肤苍白、面绀、血压下降、体温下降，死于心力衰竭。

② 镉和镉化合物。多因吸入含镉蒸气或烟雾而中毒。表现为口中有金属甜味，全身疲乏，有胃肠炎、肾炎、上呼吸道炎症。

③ 苯类。包括苯、甲苯、二甲苯等。属易燃液体，常温下挥发，可与空气形成爆炸性混合气体；短时间吸入高浓度蒸气，可致急性中毒，有死亡危险，长时间吸入低浓度蒸气可引起慢性中毒，有强烈的致癌性。

二、实验室中毒的预防

（1）严格毒性物质管理制度，毒性物质有专人管理。剧毒性物质要执行“五双”管理制度（双人双锁保管、双账、双人收发、双人运输、双人使用）。

（2）尽量用无毒或低毒的物质代替有毒或高毒性物质，减少人员的中毒机会。使用毒性物质时，工作人员应充分了解毒性物质的性质、注意事项及急救方法。

（3）使用毒性物质的实验室应有良好的通风，并具有相应的排毒设施，防止毒性物质在室内积聚。万一发生毒性物质泄漏到室内，应立即关闭其发生装置，停止实验，切断电源（如所泄漏的毒性物质是可燃气体或蒸气，应按可燃气体或蒸气的安全要求处理），熄灭火源，撤出人员。

（4）避免毒性物质污染扩散。

（5）做好实验室人员个人防护。

（6）根据实验室使用毒性物质的情况，编写《实验室毒性物质的毒性、中毒表现及急救规范》并公布于众。

（7）根据需要配备适当的解毒、除毒和急救药物。

（8）认真执行劳动保护条例，尽量减少人员接触毒性物质的时间，并定期进行针对性体检，及早发现病情和治疗。

小贴士

控制、预防化学品中毒最理想的方法是不使用有毒化学品，但这很难做到，通常的做法一是选用低毒的化学品替代已有的有毒有害化学品，例如，用甲苯替代喷漆和涂漆中用的苯，用脂肪烃替代胶水或黏合剂中的芳烃等。二是通过变更工艺消除或降低化学品危害。如以往用乙炔制乙醛，采用汞作催化剂，现在发展为用乙烯为原料，通过氧化制乙醛，不需用汞作催化剂。通过变更工艺，彻底消除了汞中毒。

三、毒性伤害的急救措施

将中毒者安全脱离中毒环境至上风向或空气新鲜的场所，必须首先做好自救和互救的应急措施，救援者必须佩戴个人防护器材进入中毒环境抢救出中毒者，并迅速堵住毒源及洗消毒物，阻断毒物散发及继续侵入人体。在自救互救中可采取简易有效的防止毒物进入呼吸道及消化道的方法，如用湿毛巾捂住口鼻，塑料马甲袋套住头面部等。

（1）做好对中毒者保心、保肺、保脑、保眼的现场急救，如心肺复苏术、口对口人工呼吸术（救护者应注意避免吸入患者呼出的毒气），眼部污染毒物的清洗等，对重症患者应时刻注意其意识状态、瞳孔、呼吸、脉率及血压，若发现呼吸循环障碍时，应就地进行复苏急救，并应急使用中枢及呼吸兴奋剂等措施。

（2）污染的皮肤、毛发、衣着必须及时、彻底用流动清水冲洗（冬天宜用温水），冲洗时间不少于15min，防止毒物从皮肤吸收中毒或灼伤，切忌用油剂油膏涂敷创面。

（3）根据不同毒物的接触进行预防性治疗，如镇静、保持呼吸道通畅、保暖、氧疗、解毒、排毒、抗过敏、抗渗出等针对性的对症处理，并应注意生命体征（呼吸、心率、体温、血压）的医学监护。

（4）中毒者病重需转送医院时，应随症采取相应措施，并佩戴好毒物周知卡。送医途中应跟进治疗，如吸氧、补液，使用中枢及呼吸兴奋剂、去泡沫剂、糖皮质激素等。昏迷者应取下假牙，将舌引向前方，以保持呼吸道通畅。在转送医院的同时，应先电话通知医疗单位作接诊准备，以便到达医院后参考毒物周知卡，采取及时有效的抢救措施，防止病员频繁活动增加耗氧，使病情加重及误诊。

积极讨论：

1. 讨论还有哪些物质具有致癌性。

2. 探讨为什么皮肤有损伤无法包扎防护的人员，禁止进行毒性物质的实验。

读书笔记

任务准备

1. 查资料填表

通过查阅资料，将常用滤毒罐的型号及防护对象、标色等计入表中。

常用滤毒罐的型号及防护对象、标色对照表

产品型号及规格	GB 2890—2022标色	防护对象
1号滤毒罐	灰色	无机气体或蒸汽
3号滤毒罐	褐色	有机气体或蒸汽
4号滤毒罐	绿色	氨、硫化氢
5号滤毒罐	白色	一氧化碳
7号滤毒罐	黄色	酸性气体或蒸汽
8号滤毒罐	蓝色	硫化氢或氨

2. 准备单

设备及材料信息表

名称	规格	数量
1号滤毒罐	灰色，4L	1个/人
3号滤毒罐	褐色，3L	1个/人
5号滤毒罐	白色，5L	1个/人
防尘口罩		1个/人
干毛巾		1条/人
直接式全面罩防毒面具		1个/人

任务实施

1. 理论任务作答

2. 技能任务

任务类别	任务内容	要点提示
中毒响应阶段	选择滤毒罐，佩戴防毒面具，进入事故现场	1. 选择相符合的滤毒罐。 2. 将滤毒罐底部橡皮塞拔去，盖子拧开。 3. 戴上面罩，深呼吸几次，不感到气闷后进入现场。 4. 以2～3人为一组，集体行动，相互照应
中毒救治阶段	移走患者	1. 将患者移至空气新鲜处，使其吸入新鲜空气。 2. 做好患者保暖措施
	急救处理	1. 若中毒者神志不清、意识丧失，应置于侧位，防止气道梗阻，给予氧气吸入。 2. 若中毒者呼吸和心跳均停止，应立即进行心肺复苏（心肺复苏三步骤：畅通气道、人工呼吸、胸外按压），伤员脉搏呼吸未恢复，心肺复苏抢救不停止，医务人员未接替抢救前，现场抢救人员不得放弃抢救
中毒后处理阶段	转送医院继续救治	1. 严重的一氧化碳中毒在进行现场救护后应迅速送有高压氧舱的医院治疗。 2. 关闭实验，通风，避免二次灾害

任务评价

1. 理论任务评价

评价类别	评价要求	教师评价
理论任务	一氧化碳中毒急救方法正确，在规定时间内完成。字迹端正、清楚。满分 100 分，60 分为合格	

2. 技能任务评价（满分100分，60分为合格）

评价类别	项目	要求	人员自评	教师评价
中毒响应阶段（30%）	选择滤毒罐（15%）	滤毒罐选择正确（10%）		
		规定时间内完成（5%）		
	佩戴防毒面具（15%）	佩戴防毒面具操作规范（10%）		
		规定时间内完成（5%）		
中毒救治阶段（50%）	移走患者（15%）	移动操作规范（10%）		
		规定时间内完成（5%）		
	急救处理（35%）	神志不清时抢救方法正确（10%）		
		呼吸心跳停止时抢救方法正确（10%）		
		医护人员到达前做法正确（10%）		
		规定时间内完成（5%）		
中毒后处理阶段（20%）	送医、现场清理（20%）	避免二次灾害操作正确（10%）		
		送医及时（5%）		
		规定时间内完成（5%）		

任务反思

对照任务实施中技能任务要求梳理一氧化碳中毒急救过程中可能出现的不规范操作，并分析不规范操作对救护结果的影响。

反思项目	梳理分析
不规范操作	
不规范操作对救护结果的影响	

任务拓展

针对毒性物质安全管理理论知识和防护实操技能，课外应加强以下方面的学习和训练。

序号	拓展项目
1	根据《危险化学品企业特殊作业安全规范》（GB 30871—2022），延伸学习实验室受限空间作业的有关要求及审批制度
2	通过查询化学品急性毒性危险类别、定义，各个类别的急性毒性估计值，了解化学品毒性极限标准

任务巩固

1．上午8时，职工小J和小L受指派进入单位实验室球形罐体疏通堵塞的污水管道，11时，小J突然倒地昏迷不醒，小L发现后立即呼救，实验室救援人员此时应如何应对？

2．实验室工作人员误服汞盐中毒，洗胃可以作为急救措施施用吗？灌服鸡蛋清、牛奶是否有效？

任务1-5

实验室设备安全管理

任务背景

数控机床是一种装有程序控制系统的自动化机床，它是实验室生产研究常用设备。二十世纪七十年代，我国机床工业基础薄弱，间接影响了国家经济发展速度，老一辈机床研发人员发扬自力更生，攻坚克难的精神，很快实现了机床国产化的突破。在市场导向和政策支持下，我国目前已开始聚焦高精尖机床的研发，一大批科研人员正铆足干劲，踏实学习钻研，时刻准备着为我国机床工业的发展贡献力量。实验室操作数控机床时，如未严格遵守操作规程，容易发生切割、被夹、被卷等机械伤人意外事故。

小N在实验室操作数控机床进行实验时，不慎用手触摸机床正在转动的部位造成机械性伤害，在这危急时刻，旁边的小C该如何应急救援？

任务目标

知识目标	了解机床操作存在的主要危险 掌握机床机械伤害事故的发生原因和预防
能力目标	能对机床造成人身伤害的事故采取正确的急救措施
素养目标	具备法治意识、责任意识和安全意识

工作任务

分别通过理论简答和技能操作两种方式完成机床机械伤害的急救。

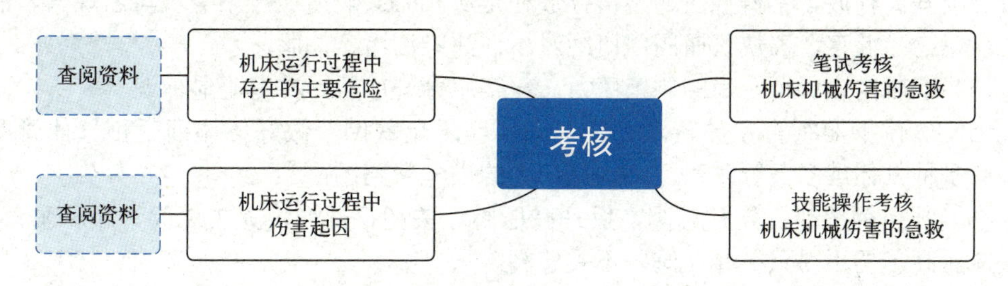

任务描述

项目	任务描述
理论任务	实验室发生机床机械伤人事故，理论简述如何进行急救操作
技能任务	实验室发生机床机械性伤害事故，相关人员采取相应措施紧急停车帮助受伤人员脱困，根据外伤程度，分别采取一般外伤和严重外伤现场救护措施后，送医院治疗

任务资讯

一、实验室常用设备的安全使用

1. 压力设备

（1）压力设备须定期检验，确保其安全有效。长期停用的压力设备须经过特种设备管理部门检验合格后方可重新启用。

（2）压力设备从业人员须经过培训持证上岗，并严格按照规程进行操作。使用压力设备时，人员不得离开。

（3）工作完毕，不可放气减压，须待容器内压力降至与大气压相等后方可开盖。

（4）发现异常现象，应立即停止使用，并通知设备管理人。

2. 气体钢瓶

2. 气瓶的使用

（1）使用单位须确保采购的气体钢瓶质量可靠，标识准确、完好，专瓶专用，不得擅自更改气体钢瓶的钢印和颜色标记。

（2）气体钢瓶存放地严禁明火，保持通风和干燥、避免阳光直射。对涉及有毒、易燃易爆气体的场所应配备必要的气体泄漏检测报警装置。

（3）气体钢瓶须远离热源、火源、易燃易爆和腐蚀物品，实行分类隔离存放，不得混放，不得存放在走廊和公共场所。严禁氧气与乙炔气、油脂类、易燃物品混存，乙炔气瓶阀门口绝对不许沾染油污、油脂。

（4）空瓶内应保留一定的剩余压力，与实瓶分开放置，并有明显标识。

（5）气体钢瓶须直立放置，并妥善固定，防止跌倒。做好气体钢瓶和气体管路标识，有多种气体或多条管路时，须制订详细的供气管路图。

（6）开启钢瓶时，先开总阀，后开减压阀。关闭钢瓶时，先关总阀，放尽余气后，再关减压阀，切不可只关减压阀，不关总阀。

（7）使用前后，应检查气体管道、接头、开关及器具是否有泄漏，确认盛装气体类型，并做好可能造成的突发事件的应急准备。

（8）移动气体钢瓶使用手推车，切勿拖拉、滚动或滑动气体钢瓶。严禁敲击、碰撞气体钢瓶。

（9）若发现气体泄漏，应立即采取关闭气源、开窗通风、疏散人员等应急措施。切忌在易燃易爆气体泄漏时开关电源。

（10）不得使用过期、未经检验和不合格的气瓶。

小贴士

根据《中华人民共和国特种设备安全法》，特种设备是指对人身和财产安全有较大危险性的锅炉、压力容器（含气瓶）、压力管道、电梯、起重机械、客运索道、大型游乐设施、场（厂）内专用机动车辆。特种设备依据其主要工作特点，分为承压类特种设备和机电类特种设备。压力设备和气体钢瓶属于承压类特种设备。

3. 机械加工设备

（1）在机械加工设备的运行过程中，易造成切割、被夹、被卷等机械伤人意外事故，操作时应严格遵守操作规程。

（2）对于冲剪机械、刨床、圆盘锯、研磨机、空压机等机械设备，应有护罩、套筒等安全防护设备。

（3）对车床、滚齿机械等高度超过作业人员身高的机械，应设置适当高度的工作台。

（4）操作时应佩戴必要的防护器具（工作服和工作手套），束缚好宽松的衣物和头发，不得佩戴长项链、长丝巾和领带等易被卷入或者缠绕的物品，不得穿拖鞋，严格遵守操作规程。

4. 加热设备

（1）使用加热设备，应采取必要的防护措施，严格按照操作规程进行操作。使用时，人员不得离岗，使用完毕，应立即断开电源。

（2）加热、产热仪器设备须放置在阻燃的、稳固的实验台上或地面上，不得在其周围或上方堆放易燃易爆物或杂物。

（3）禁止用电热设备直接烘烤溶剂、油品和试剂等易燃、可燃挥发物。若加热时会产生有毒有害气体，应放在通风柜中进行。

（4）应在断电的情况下，采取安全方式取放被加热的物品。

（5）实验室不允许使用明火电炉。

（6）使用管式电阻炉时，应确保导线与加热棒接触良好；含有水分的气体应先经过干燥后，方能通入炉内。

（7）使用电热枪时，不可对着人体的任何部位。

（8）使用电吹风和电热枪后，需进行自然冷却，不得阻塞或覆盖其出风口和入风口。用毕应及时拔除插头。

二、实验室机械伤害事故预防

1. 仪器设备加安全装置

（1）密闭与隔离。在运动设备的运动部位加装宽度大于部件50mm的防护罩，突出的销钉、螺栓加上圆形光滑的罩子。

（2）安全联锁。对极易造成人身伤害的冲、切装置，应加装安全联锁装置。

（3）紧急刹车。开放式机械设备应有紧急刹车，并灵活可靠。

（4）防护屏障。有可能发生爆炸或有物体飞出的设备装置，应加装防护屏障。某些玻璃仪器可以用厚毛巾加以包裹。

小贴士

一些大中型机器设备或者电器上都可以看到醒目的红色按钮，标准的应该有标示与“紧急停止”含义相同的红色字体，这种按钮统称为紧急刹车按钮。此按钮只需直接向下压下，就可以快速让整台设备立即停止，要想再次启动设备必须释放此按钮。见图1-4。

图1-4　紧急停止按钮

2. 人员操作的安全防护

（1）严格执行安全操作规程，正确使用和维护仪器设备，正确使用防护用品。

（2）进行机械操作时，操作服应“三紧”（袖口、下摆、裤脚）。留长发的实验人员应将长发收进工作帽里，并确保不脱出。

（3）在转动部件附近工作时，要注意保持距离，不要站在设备可能有物件飞出的方向上。

（4）禁止用手触摸或擦洗转动着的部位，禁止戴手套进行转动机械的操作。不要在运行机械上面搁放物件。

（5）检修设备时，必须切断电源，并经两次“启动”确保无误，在电源开关处加上“安全锁”（不能加锁的应挂上“禁动”牌，并派人进行监护；使用“插头”“插座”连接的应拔下“插头”）后，方可施工。

（6）安装、拆卸玻璃仪器，切割、折断玻璃管等操作，应用厚布包裹，并忌用暴力，防止破裂。

三、机械性伤害的急救措施

1. 一般外伤的救护

（1）一般擦伤。立即用肥皂水和温水将伤处和周围表皮擦洗干净，然后用（1+9）过氧化氢及生理盐水冲洗伤口，小的伤口可以用碘伏或75%医用酒精消毒周围皮肤（有沾染的伤口可以先用碘酊处理，再用75%医用酒精清洗残存的碘，以减少碘的刺激作用），然后用消毒敷料包扎。如伤口出血，可先用消毒敷料做压迫止血，更换敷料后再用绷带轻轻包扎，或用胶布固定。

（2）轻度刺伤、割伤、裂伤。同上清洁表皮和伤口后，要检查伤口内有无异物并清理干净，擦干，同上进行消毒处理，然后用消毒敷料包扎处理。

割裂的伤口在包扎前，应对拢后再包扎。

伤情不明确者，在对伤口进行简单处理后，应送医院诊治。

（3）挫伤、撞伤、扭伤。若无开放性伤口，可以对伤处进行冷敷，以减少内出血。然后用活血化瘀的药物（如“万花油”“驳骨水”等）包敷，并包扎固定。挫伤、撞伤、扭伤的伤处切勿搓揉，以免加大伤害。

挫伤、撞伤、扭伤受伤严重，或感觉明显痛苦者，应送医院诊治。

2. 严重外伤的救护

严重外伤的现场急救对挽救伤者的生命及保存组织功能极为重要。

（1）大量出血。一般发生在比较严重的刺伤、割伤、裂伤、挫伤、撞伤或炸伤造成的开放性伤口上，若无明显出血点者，应在清除伤口上的沾染物并做简单的表面消毒后，用消毒敷料全创面压迫止血。若大血管损伤，可在血管的近心端上止血带（每30min放松一次），初步止血操作后立即送医院治疗。

深度过大的出血伤口，必要时应填充止血，立即送医院治疗。

（2）骨折。发现骨折，应固定伤肢，送医院治疗。

（3）组织离体。如有离体的组织应尽量寻找，用生理盐水作初步冲洗清洁，再用消毒敷料包裹，急送医院，以利于治疗。如伤员发生休克时应做抗休克处理，注意保暖。

夏季高温天气下，应把“离体组织”置消毒容器中，放进加冰的桶内加以保护，(“离体组织”应以棉花或敷料包裹保温，注意不得让冰块直接与“离体组织”接触，以避免组织冻伤)，再送医院，以延长其存活时间。

积极讨论:

1. 讨论除了压力设备和气体钢瓶外，还有哪些设备属于特种设备。

2. 探讨实际生产中哪些设备必须安装紧急刹车按钮。

读书笔记

任务准备

1. 查资料填表

通过查阅资料，将机床运行过程中存在的主要危险和伤害形式计入表中。

机床存在的主要危险和伤害形式对照表

危险类型	伤害形式
卷绕和交缠	1．做回转运动的机械部件 2．回转件上的突出形状 3．旋转运动的机械部件的开口部分
挤压、剪切和冲击	1．接近型的挤压危险 2．通过型的挤压危险 3．冲击危险
引入或碾轧	1．啮合的夹紧点 2．回转夹紧区 3．接触的滚动面
飞出物打击	1．失控的动能 2．弹性元件的位能 3．液体或气体位能
物体坠落打击	1．高处坠落的物体 2．倾翻、滚落 3．运动部件运行超行程脱轨
形状或表面特征危险	1．锋利物件的切割、戳、刺、扎危险 2．粗糙表面的擦伤 3．碰撞、剐蹭和冲击危险
滑倒、绊倒和跌落	1．磕绊跌伤 2．打滑跌倒 3．高处跌落或坠落坑井

2. 准备单

设备及材料信息表

名称	规格	数量
肥皂水		1瓶
生理盐水		1瓶
医用酒精		1瓶
消毒敷料		若干

续表

名称	规格	数量
绷带		1卷
冰块		若干
万花油		1盒
止血带		1卷
消毒容器		1个

任务实施

1. 理论任务作答

____

____

____

____

2. 技能任务

任务类别	任务内容	要点提示
机械伤害响应阶段	紧急停车或切断电源	根据颜色识别紧急停车按钮并按下
机械伤害救治阶段	移走患者	将患者移动到安全处，初步判断患者状态
	根据不同情况进行相应急救处理	1．如一般伤害，用肥皂水先清洗伤口，然后75%医用酒精消毒皮肤，包扎处理。 2．如轻度刺伤、割伤等，同上清洁伤口后，检查伤口内有无异物，然后再消毒皮肤，包扎处理。 3．如挫伤、撞伤、扭伤，对伤处进行冷敷，然后用活血化瘀药物包敷。受伤处切勿搓揉。 4．如大量出血，可在消毒后全创面压迫止血。 5．如骨折，应固定伤肢，送医。 6．如组织离体，应把离体组织冲洗干净，置加冰块的消毒容器中紧急送医
机械伤害后处理阶段	转送医院治疗	1．第一时间送医。 2．专人守护现场，避免二次伤害

任务评价

1. 理论任务评价

评价类别	评价要求	教师评价
理论任务	机械伤害急救方法正确，在规定时间内完成。字迹端正、清楚。满分 100 分，60 分为合格	

2. 技能任务评价（满分 100 分，60 分为合格）

评价类别	项目	要求	人员自评	教师评价
机械伤害响应阶段（20%）	断电（10%）	操作规范（5%）		
		规定时间内完成（5%）		
	紧急停车（10%）	紧急停车按钮选择正确（5%）		
		规定时间内完成（5%）		
机械伤害救治阶段（70%）	移走患者（10%）	移动操作规范（5%）		
		规定时间内完成（5%）		
	急救处理（60%）	一般伤害操作正确（10%）		
		轻度割伤等操作正确（10%）		
		挫伤、撞伤、扭伤等操作正确（10%）		
		大量出血救治操作正确（10%）		
		骨折救治操作正确（10%）		
		组织离体救治操作正确（10%）		
机械伤害后处理阶段（10%）	送医、现场后处理（10%）	避免二次伤害操作正确（5%）		
		规定时间内完成（5%）		

任务反思

对照任务实施中技能任务要求梳理机床机械伤害救治过程中可能出现的不规范操作，并分析不规范操作对急救结果的影响。

反思项目	梳理分析
不规范操作	
不规范操作对急救结果的影响	

任务拓展

针对设备安全管理理论知识和实操技能，课外应加强以下方面的学习和训练。

序号	拓展项目
1	根据金属切削机床安全技术要求，延伸学习机床运行中的电气危险、热危险、噪声危险、振动危险的具体表现形式
2	查询《机械安全　防止人体部位挤压的最小间距》(GB/T 12265—2021)，了解防止挤压头部、臂、手指、腿、脚趾等的最小间距

任务巩固

1．小H未将长发收紧至工作帽的情况下操作实验室机床进行金属切削加工，头发不慎被卷入机床，旁边的小F应如何急救？

2．实验室的仪器设备通常会加装安全装置来保护人员、财产的安全，加装安全装置有几种方法，分别是什么？

3. 突发及应急事件处理

任务1-6 实验室现场环境安全管理

任务背景

稀土三基色荧光粉在国防上有特殊的用途，军事库房、防空掩蔽使用荧光安全标志，在夜间紧急情况下能指引部队快速做好战斗准备，战斗机航空仪表涂上荧光粉，没有光照的情况下，飞行员也能熟练驾驶飞机参与战斗。20世纪70年代，稀土三基色荧光粉的合成技术掌握在荷兰等少数西方国家手中，而中国作为全球稀土储量最大的国家，稀土利用技术落后的现实深深刺痛了中国的科技工作者，他们将家国情怀写进创业史，以强烈的责任感担当起时代赋予的使命与重任，十年磨一剑，终于研发出高质量的稀土三基色荧光材料，为国防事业保驾护航贡献了自己的力量。安全标志用以表达特定的安全信息，由图形符号、安全色、几何形状（边框）或文字构成。正确设置安全标志是营造良好的作业现场环境的必备工作，能有效降低现场作业隐患。

小P所在的实验室最近举行识别安全标志的技术大比武活动，平日对安全标志类型、警示内容和设置位置等知识不甚了解的小P能顺利通过吗？

任务目标

知识目标	了解实验室现场作业环境的危险和有害因素分类 掌握四类安全标志的几何图形、背景颜色等特征信息
能力目标	能识别各种安全标志的名称，并放置在正确位置
素养目标	具备环保意识、责任意识和安全意识

工作任务

分别通过理论简答和技能操作两种方式完成安全标志的识别与放置。

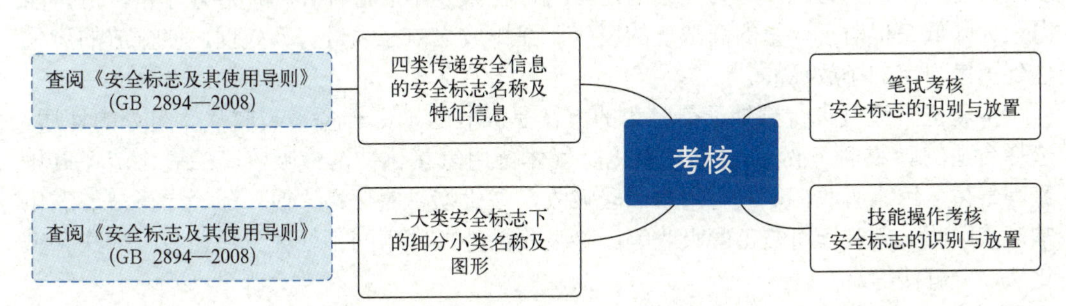

项目	任务描述
理论任务	看图写出9种安全标志的名称
技能任务	识别9种不同的安全标志，准确说出名称，并把安全标志分别放置在实验室正确的位置，指导工作人员安全作业、规避危险

任务资讯

4. 危险废弃物处置

一、实验室废物回收利用和处置管理

1. 实验室废物的处置原则

根据环境保护的要求，实验室的废物对环境构成危害，必须加以处理。按照最新的环境保护观念，实验室废物的处置应遵循如下基本原则。

（1）回收利用。废物中实际上含有不少有用物质，废物应首先考虑回收利用，某些暂时无实际用途但可以用于处理其他废物的废物（以废治废），应先予以储存待用。

（2）无毒害化。对于确实无利用价值的有毒害废物，可以采取“无毒害化”处理，以消除其毒害性，然后再行排放。

（3）低毒害化。某些无法完全消除其毒害性的废物，应尽量使其以毒害性最小的状态存在，然后再行排放。

2. 实验室常见废物的处理

实验室的废物主要指实验中产生的废气、废水和废渣（简称“三废”）。由于各类实验室检验项目不同，产生的“三废”中所含化学物质会有所不同，危害性也不同。为了防止环境污染，保证检验人员及他人的健康，对排放的废弃物，检验人员应按照有关规章制度的要求，采取适当的处理措施，使其浓度达到国家环境保护规定的排放标准。

（1）废气处理。废气处理，主要是对实验中产生的危害健康和环境的气体进行处理，如一氧化碳、甲醇、氨、汞、酚、氧化氮、氯化氢、氟化物气体或蒸气等。实际上，一般的实验都是在通风柜内完成的，操作者只要做好防护工作就基本不会受到伤害。在实验过程中所产生的危害气体，可直接通过排风设备排到室外，这对少量的低浓度的有害气体是允许的，因为少量的危害气体在大气中通过稀释和扩散等作用，危害能力大大降低。但对于大量的高浓度的废气，在排放之前必须进行预处理，使排放的废气达到国家规定的排放标准。

实验室对废气进行预处理最常用的方法是吸收法，即根据被吸收气体组分的性质，选择合适的吸收剂（液）。例如，氯化氢气体可用氢氧化钠溶液吸收，二氧化硫、氧化氮等气体可用水吸收，氨气可用水或酸吸收，氟化物、氯化物、溴、酚等均可被氢氧化钠溶液吸收，硝基苯可被乙醇吸收等。除吸收法外，常用的预处理方法还有吸附法、氧化法、分解法等。

（2）废液处理。实验室废液的处理意义重大，因为排出的废液直接渗入地下，流入江河，会污染水源、土壤和环境，危及人体健康，检验人员必须高度重视。

实验室的废液多数含有化学物质，其危害较大。因此，在废液排放之前，首先要了解废液的成分及浓度，再依据GB 8978—1996《污水综合排放标准》中的第一类污染物的最高允许排放浓度和第二类污染物的最高允许排放浓度的规定，决定如何对废液进行处置。

（3）废渣处理。废弃的有害固体药品或反应中得到的沉淀严禁倒在生活垃圾上，必须进行处理。废渣处理的方法是先解毒后深埋，首先根据废渣的性质，选择合适的化学方法或通过高温分解方式等，使废渣中的毒性减小到最低限度，然后将处理过的残渣挖坑深埋掉。

二、实验室的清洁卫生管理

实验室是进行科学实验的地方，不但要保证实验室的安全性而且还要使实验室保持清洁，为科学实验创造良好的环境。实验室卫生重在保持而不在打扫，实验人员在进入实验室后要遵守以下细则。

（1）实验室参加实验的所有人员，必须整洁、文明、肃静。

（2）进入实验室的所有人员必须遵守实验室规章制度，严禁在实验室内吸烟，不得随地吐痰和乱扔纸张。

（3）参加实验的人员在实验过程中，要注意保持室内卫生及良好的实验秩序。所有实验所产生的废物放入废物箱内并及时处理。

（4）在每次实验结束后，实验人员必须对实验室进行清扫。

（5）实验室成员有维护保养仪器设备的义务。

（6）与实验无关的物品禁止存放在实验室。

（7）实验室为保持工作环境的干净整洁，必须坚持“每天一小扫，每周一大扫”的卫生制度，每年彻底清扫1～2次。

（8）实验室内的仪器设备、实验台架、凳等设施摆放整齐，并经常擦拭，保持无污渍、无灰尘。

（9）有机溶剂、腐蚀性液体的废液须盛于废液桶内，贴上标签，统一回收处理。

（10）保持室内地面无灰尘、无积水、无纸屑等垃圾。

（11）实验室整体布局须合理有序，地面、门窗等管道线路和开关板上无积灰与蛛网。

（12）实验结束关好门窗、水龙头，断开电源。

小贴士

5S现场管理法，是一种现代企业管理模式。5S即整理、整顿、清扫、清洁、素养，又被称为“五常法则”。通过整理、整顿、清扫、清洁活动，从而消除实验室发生安全事故的根源，创造一个良好的工作环境，使人能愉快地工作。

三、实验室安全标志

实验室现场环境安全管理也包括安全标志的管理。

实验室常用安全标志包括警告、禁止、指令、提示4种。

1. 警告标志

常见警告标志见表1-3。

表1-3 常见警告标志

标志	标志名称
	注意安全
	当心火灾
	当心爆炸
	当心腐蚀
	当心中毒
	当心触电

2. 禁止标志

常见禁止标志见表1-4。

表1-4　常见禁止标志

标志	标志名称
	禁止吸烟
	禁止烟火
	禁止放易燃物
	禁止饮用
	禁止触摸

3. 指令标志

常见指令标志见表1-5。

表1-5　常见指令标志

标志	标志名称
	必须戴防护眼镜

续表

标志	标志名称
	必须戴防毒面具
	必须戴防尘口罩
	必须戴防护帽
	必须戴防护手套
	必须穿防护鞋
	必须穿防护服

4. 提示标志

常见提示标志见表1-6。

表1-6　常见提示标志

标志	标志名称
	紧急出口
	可动火区
	避险处

小贴士

多个安全标志须在一起设置时，根据《安全标志及其使用导则》(GB 2894—2008)，应按警告、禁止、指令、提示类型的顺序，先左后右、先上后下排列。

积极讨论：

1. 举例讨论第一类污染物和第二类污染物的区别。

2. 探讨5S现场管理法中，整顿和整理、清扫和清洁的区别。

读书笔记

任务准备

1. 安全信息表格

通过对标准的解读，将四大类安全标志名称、特征信息、细分小类数量和举例计入表中。

安全标志信息一览表

安全标志名称	特征信息	细分小类数量/个	细分小类举例
警告标志	黑色的正三角形 黑色符号 黄色背景	39	当心火灾 当心腐蚀 当心触电 当心落物
禁止标志	带斜杠的圆环 斜杠与圆环相连，红色 黑色图形符号 白色背景	40	禁止吸烟 禁止烟火 禁止堆放 禁止放置易燃物
指令标志	圆形 蓝色背景 白色图形符号	16	必须佩戴防护眼镜 必须戴防毒面具 必须戴安全帽 必须戴护耳器
提示标志	方形 绿色背景 白色图形符号和文字	8	紧急出口 避险处 可动火区 应急电话

2. 准备单

9种安全标志

(1)　(2)　(3)　(4)　(5)

(6)　(7)　(8)　(9)

任务实施

1. 理论任务作答

2. 技能任务

任务类别	任务内容	要点提示
识别安全标志大类	说出9张图片所属安全标志大类名称	禁止标志、警告标志、指令标志、提示标志
识别安全标志细分小类	说出9张图片所属安全标志细分小类名称	1. 当心火灾 2. 当心伤手 3. 当心高温表面 4. 洗眼装置 5. 必须戴一次性口罩 6. 必须戴防护手套 7. 必须穿工作服 8. 禁止明火 9. 禁止穿化纤服装
放置位置	把安全标志放置在实验室正确位置	根据实验室不同位置的安全要求进行放置

任务评价

1. 理论任务评价

评价类别	评价要求	教师评价
理论任务	正确写出9种安全标志的名称，在规定时间内完成。字迹端正、清楚。满分100分，60分为合格	

2. 技能任务评价（满分100分，60分为合格）

评价类别	项目	要求	人员自评	教师评价
识别安全标志大类（30%）	分别识别9个图片所属安全标志大类（30%）	准确识别（25%）		
		规定时间内完成（5%）		
识别安全标志细分小类（50%）	分别识别9个图片所属安全标志细分小类（50%）	准确识别（45%）		
		规定时间内完成（5%）		
设置位置（20%）	分别放置在正确位置（20%）	放置位置正确（15%）		
		规定时间内完成（5%）		

任务反思

对照任务实施中技能任务要求梳理识别并放置安全标志过程中可能出现的错误操作，并分析不规范操作对实验室安全的影响。

反思项目	梳理分析
不规范操作	
不规范操作对实验室安全的影响	

任务拓展

针对实验室现场环境安全管理理论知识和实操技能，课外应加强以下方面的学习和训练。

序号	拓展项目
1	目视化管理是作业现场安全管理方法之一，延伸学习目视化管理的概念、特点及组成
2	查询《职业病危害因素分类目录》，学习职业病危害因素来源及分类

任务巩固

1．击碎面板、必须系安全带、当心低温、禁止转动分别属于什么安全标志？

____

____

2．请写出指令标志的图形形状、背景颜色、符号颜色？

____

____

项目自测

一、填空题

1．实验室潜在的危险因素有__________、__________、__________、__________、__________、__________和__________等危险性。

2．毒物侵入人体的途径有__________中毒、__________中毒和__________中毒3种。

3．实验室的废弃物主要是指实验中产生的__________。

4．实验室对废渣的处理方法是先__________，后__________。

5．化学灼伤是操作者的皮肤触及__________所致。

二、单项选择题

1．如果实验出现火情，要立即（　　）。

A．停止加热，移开可燃物，切断电源，用灭火器灭火

B．打开实验室门，尽快疏散、撤离人员

C．用干毛巾覆盖上火源，使火焰熄灭

D．留在原地观察

2．实验室电器设备所引起的火灾，应（　　）。

A．用水灭火　　B．用二氧化碳或干粉灭火器灭火

C．用泡沫灭火器灭火　　D．打开窗户

3．身上着火后，下列灭火方法错误的是（　　）。

A．就地打滚　　B．用厚重衣物覆盖压灭火苗

C．迎风快跑　　D．大量水冲或跳入水中

4．使用灭火器扑救火灾时要对准火焰的（　　）喷射。

A．上部　　B．中部　　C．根部　　D．中上部

5．干粉灭火器适用于（　　）。

A．电器起火　　B．可燃气体起火

C．有机溶剂起火　　D．以上都是

6．实验室常用于皮肤或普通实验器械的消毒液有（　　）。

A．75%乙醇　　B．福尔马林（甲醛）

C．来苏儿（甲酚皂）　　D．漂白粉（次氯酸钠）

7．对实验室安全检查的重点是（　　）。

A．可燃性、可传染性、放射性物质和有毒物质的使用和存放

B．清除污染和废弃物处置情况

C．规章制度的建立和执行情况

D．以上都是

8．在使用设备时，如果发现设备工作异常，应该（　　）。

A．停机并报告相关负责人员　　B．关机走人

C．继续使用，注意观察　　D．停机自行维修

9．有人触电时，使触电人员脱离电源的错误方法是（　　）。

A．借助工具使触电者脱离电源　　B．抓触电人的手
C．抓触电人的干燥外衣　　D．切断电源

10．为避免误食有毒的化学药品，以下说法正确的是（　　）。

A．可把食物、食具带进实验室　　B．在实验室内可吃口香糖
C．使用化学药品后须洗净双手方能进食　　D．实验室内可以吸烟

三、判断题

1．有机废物、浓酸或浓碱废液等倒入水槽，只要加大量的自来水将之稀释即可。（　　）

2．危险化学品用完后就可以将安全标签撕下。（　　）

3．乙炔气钢瓶的规定涂色为白色、氯气钢瓶为黄色、氢气钢瓶为绿色。（　　）

4．各实验室对所产生的化学废弃物必须要实行集中分类存放，贴好标签，然后送学校中转站，统一处置。（　　）

5．遇到停电停水等情况，实验室人员必须检查电源和水源是否关闭，避免重新来电来水时发生相关安全事故。（　　）

四、简答题

1．实验室灭火的措施和注意事项有哪些？

2．灭火器维护的内容有哪些？

3．什么是中毒？毒物侵入人体的途径有哪些？如何预防中毒？

4．实验室废弃物排放的准则是什么？

5．写出下列安全标志代表的意义。

项目二

实验室规划设计与建设

背景导入

实验室设计规划是一项复杂的系统工程，无论是新建、扩建，或是改建实验室，都不仅仅是选购合理的仪器设备这么简单，还须综合考虑平面布局、强弱电、给排水、供气、通风等设施和条件。进入21世纪，实验室设计规划与建设加速发展，智能化的实验室模式已经成为我国实验室发展的新方向。健康、节能、人性化、智能化的“21世纪实验室”正为国家经济又快又好发展注入新的动力。

情景案例

某公司要建一个石油库实验室，建筑面积：15m×15m。布局要求：接待室1个，办公室1个，样品间1个，试剂间1个，实验室1间。仪器要求：闪点测定仪、多功能低温测定仪、色谱仪、天平、氧化安定性测定仪、水分测定仪等20多台设备。领导将此次建设任务交给了小K。这可一时难住了他，因为现代化的实验室系统在建设需求和专业设置上会涉及多个专业门类及学科，而实验室的设施设备设计又会涉及多种要素，同时还要考虑到环保、安全、可持续发展等诸多要求。

一、小K该从哪些方面来完成这项复杂的任务呢？

____

____

二、该案例对你的启示：

____

____

任务2-1 实验室的规划设计

任务背景

建设一套完善的实验室系统，必须首先进行实验室的设计规划。根据生产的需要，设计日常检验仪器、设备和辅助装置的安置场所及工作环境；根据技术进步的需要，设计更新技术装备的场所；根据内部质量控制工作的需要，设计专用工作间、标准样品间等。近年来我国的实验室规划设计本着坚持科学、合理先进、实用节约原则，实验室建设体现了标准化、智能化、人性化和前瞻化的特点，目前设计水平已达到国际领先水平。

小X毕业后进入某大型化工企业从事品控工作，因平时工作认真仔细，受到主任的重视。近日，分析实验室要新增一个天平室，主任安排小X查阅资料找出天平室对环境的具体要求，为下一步天平室设计、施工打好基础。小X该列出哪些方面的内容来完成这项任务呢?

任务目标

知识目标	了解天平的分类
能力目标	能准确说出温度、湿度、光照、震动、通风等因素对天平测量精度的影响
素养目标	具备严谨求实的科学作风

工作任务

分别通过理论简答和技能操作两种方式完成天平室对环境的要求的解答。

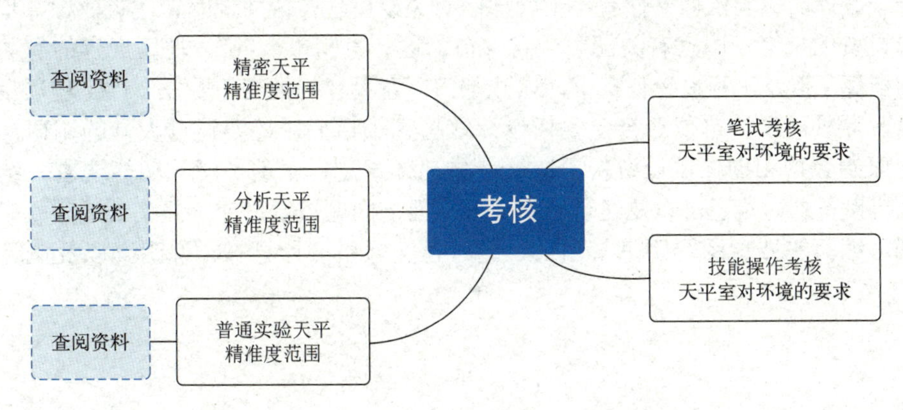

任务描述

项目	任务描述
理论任务	理论简答精密天平、分析天平、普通实验天平的室温、温度波动、相对湿度、光照、防震、通风等环境要求
技能任务	实验室设置了3个不同等级的天平室，放置精密天平、分析天平、普通实验天平。请分别把3个天平室的室温、温度波动、相对湿度、光照、防震、通风等参数设置到标准值

任务资讯

实验室大致可分为研究机构中的分析室和生产企业中的实验室。尽管其工作性质有明显的不同，但是就实验室本身而言，并没有什么原则性的差别。

无论是新建、扩建，还是改建实验室，不仅要选购合理的仪器设备，还要综合考虑实验室的总体规划、合理布局和平面设计，以及供电、供水、供气、通风、空气净化等基础设施和基本条件。

一、实验室设计的内容和过程

建造实验室，从拟定计划到建成使用，一般有编制计划任务书、选择和勘探基地、设计、施工以及交付使用后的回访等几个阶段。设计工作是其中比较重要的过程，它不仅要严格执行国家相关的基本建设规划，而且还要具体贯彻对于实验室的整体建设思路和理念。

（一）实验室设计的主要内容

实验室的设计一般包括实验室建筑设计、结构设计和设备设计等几部分。它们之间既有分工，又有紧密的配合。由于建筑设计是建筑功能、工程技术和建筑艺术的综合，因此在进行建筑设计时须综合考虑结构设计和设备设计，即建筑、结构、设备等工种的要求，以及这些工种的相互联系和制约。

建筑设计的主要依据文件有：主管部门有关建设任务使用说明、建筑面积、单方造价和总投资的批文，国家有关部委或省（自治区、直辖市）、市、地区规定的有关设计定额和指标，以及工程设计任务书，城建部门同意设计的批文和委托设计工程项目等相关文件。此外，设计单位在接受委托设计该工程项目后，还要通过大量的调研，收集必要的原始数据和勘探设计资料，综合考虑总体规划、基地环境、功能要求、结构施工、材料设备、建筑经济以及建筑艺术等多方面的问题进行设计，并绘制成实验室的建筑图纸，编写主要意图说明书与图纸，编写各实验室的计算书、说明书以及概算和预算书。

（二）实验室建筑设计的过程和设计阶段

在具体进行实验室建筑平面、立面、剖面的设计前，需要有一个准备过程，以做好熟悉设计任务书和调查研究等一系列必要的准备。实验室的建筑设计一般分为初步设计、技术设计和施工图设计三个阶段。

1. 设计前的准备工作

（1）熟悉设计任务书。在具体着手设计前，首先需要熟悉设计任务书，以明确实验室建设项目的设计要求。

（2）收集必要的设计原始数据。通常实验室建设单位提出的设计任务，主要是从自身要求、建筑规模、造价和建设进度等方面考虑的。实验室的设计和建造，还需要收集气象资料、基地地形及地质水文资料、水电等设备管线资料和设计项目的有关定额指标。

（3）设计前的调查研究。设计前调查研究的主要内容有各实验室的使用要求、建筑材料供应和结构施工等技术条件、基地勘探和当地经验和生活习惯。

（4）学习其他有关方针政策以及同类型设计的文字、图样说明。

2. 初步设计阶段

初步设计是实验室建筑设计的第一阶段。它的主要任务是提出设计方案，即在已定的基地范围，按照设计任务书所拟定的实验室使用要求，综合考虑技术、经济条件和建筑艺术方面的要求，提出设计方案。

初步设计的内容包括确定实验室的组合方式，选定所用建筑材料和结构方案，确定实验室在基地的位置，说明设计意图，分析设计方案在技术上、经济上的合理性，并提出概算书。

3. 技术设计阶段

技术设计是三阶段建筑设计的中间阶段。它的主要任务是在初步设计的基础上，进一步确定各实验室之间的技术问题。

技术设计的内容为各实验室相互提供资料，提出要求，并共同研究和协调编制拟建各实验室的图样和说明书，为各实验室编制施工图打下基础。在三阶段设计中，经过送审并批准的技术设计图样和说明书等，是施工图编制、主要材料设备订货以及基建拨款的依据文件。

技术设计的图样和设计文件，要求实验室建筑的图样标明与技术工种有关的详细尺寸，并编制实验室建筑部分的技术说明书，结构工种应有实验室结构方案图，并附初步计算说明，仪器设备也应提供相应的设备图样及说明书。

4. 施工图设计阶段

施工图设计是实验室建筑设计的最后阶段。它的主要任务是满足施工要求，即在初步设计或技术设计的基础上，综合建筑、结构、设备各工种，相互交底、核实核对，深入了解材料供应、施工技术、设备等条件，把满足实验室工程施工的各项具体要求反映在图样中，做到整套图样齐全统一、明确无误。

施工图设计的内容包括：确定全部工程尺寸和用料，绘制实验室建筑、结构、设备等全部施工图样，编制实验室工程说明书、结构计算书和预算书。

（三）各主要实验室对环境的设计要求

一般来说，实验室有室内阴凉、通风良好、不潮湿，避免粉尘和有害气体侵入，并尽量远离震动源、噪声源等共同要求。不同功能的实验室由于实验性质不同，各实验室对环境有其特殊的要求。

1. 天平室

（1）天平室的温度、湿度要求

① 1、2级精度天平应工作在温度为（20±2）℃，温度波动不大于0.5℃ /h，相对湿度为50%～60%的环境中。

② 分度值为0.001mg的3、4级天平，工作在温度为18～26℃，温度波动不大于0.5℃ /h，相对湿度为50%～75%的环境中。

③ 一般实验室常用的3～5级天平，在称量精度要求不高的情况下，工作温度可以放宽到17～33℃，但温度波动仍不宜大于0.5℃ /h，相对湿度可放宽至50%～90%。

④ 天平室安置在底层时应注意做好防潮工作。

（2）天平室的设置应避免靠近受阳光直射的外墙，不宜靠近窗户安放天平，也不宜在室内安装暖气片及大功率灯泡（天平室应采用冷光源照明），以免因局部温度的不均衡而影响称量精度。

（3）当有无法避免的震动时，天平室应安装专用天平防震台。当环境震动功率和影响较大时，天平室宜安置在底层，以便于采取防震措施。

（4）天平室只能使用抽排气装置进行通风。

（5）天平室应专室专用，即使是精密仪器，也应安装玻璃墙分隔，以减少干扰。

2. 精密仪器室

（1）精密仪器价值昂贵、精密，多由光学材料和电器元件构成。因此，要求精密仪器室具有防火、防潮、防震、防腐蚀、防尘、防有害气体侵蚀的功能。精密仪器室应尽可能保持温度、湿度恒定，一般温度在15～30℃，有条件的最好控制在18～25℃，相对湿度在60%～70%，需要恒温的仪器可装双层门窗及空调装置。

（2）大型精密仪器宜在专用实验室安装，一般应有独立平台（可另加玻璃墙分隔）。

（3）精密电子仪器及对电磁场敏感的仪器，应远离高压电线、大电流电网、输变电站（室）等强磁场，必要时加装电磁屏蔽。

（4）实验室地板材质应致密及防静电，一般不要使用地毯。

（5）大型精密仪器室的供电电压应稳定，并应设计有专用地线。

3. 化学分析实验室

（1）化学分析实验室内的温度要求比精密仪器室的要求略宽松（可放宽至35℃），但温度波动不能过大（≤2℃ /h）。

（2）室内照明宜用柔和自然光，要避免直射阳光，当需要使用人工照明时，应注意避免光源色调对实验的干扰。

（3）室内应配备专用的给水和排水系统。

（4）化学分析实验室的建筑应耐火或用不易燃烧的材料建成，门应向外开，以利于发生意外时人员的撤离。

（5）由于实验过程中常产生有毒、易燃的气体，因此化学分析实验室要有良好的通风条件。

4. 加热室

（1）加热装置操作台应使用防火、耐热的不燃烧材料构筑，以保证安全。

（2）当有可能因热量散发而影响其他实验室工作时，应注意采取防热或隔热措施。

（3）设置专用排气系统，以排除试样加热、灼烧过程中排放的废气。

5. 无菌室

（1）无菌操作间的洁净度应达到10000级，超净台洁净度应达到100级，室内温度保持在20～24℃，相对湿度保持在45%～60%。

（2）无菌室外要设缓冲间、净化风淋间及更衣间。室内装备必须有空气过滤装置。入口避开走廊，并设在微生物检验室内，无菌室和缓冲间都必须密闭。

（3）无菌室与缓冲间应装有紫外灯，要求每3m^{2}安装30W紫外灯一盏。无菌室内设工作台（中心与边台皆可），紫外灯距工作台面要小于1.5m。

（4）无菌室结构应坚固、严密、防尘、光线明亮，地面采用PVC材料，防渗漏、无接缝、光洁、防滑，并设双层传递窗传递物件，门窗均为不锈钢材质。

6. 普通物品储存室

普通物品储存室分试剂储存室和仪器储存室，供存放非危险性化学药品和仪器使用，要求阴凉通风，避免阳光曝晒，且不靠近加热室、通风柜室。试剂储存室用于存放少量近期要用的化学试剂，且要符合化学试剂的管理与安全存放条件，一般选择干燥、通风的北屋，门窗应坚固，避免阳光直接照射，门朝外开，室内应安装排气扇，采用防爆照明灯具。少量的危险品，可用铁皮柜或水泥柜分类隔离存放。

7. 危险物品储存室

（1）危险物品储存室通常设置于远离主建筑物、结构坚固并符合防火规范的专用库房内，应有防火门窗，通风良好，有足够的泄压面积。

（2）远离火源、热源，避免阳光曝晒。室内温度宜在30℃以下，相对湿度不应超过85%。

（3）采用防爆型照明灯具，备有消防器材，用自然光或冷光源照明。

（4）库房内应使用不燃烧材料制作防火间隔、储物架，储存腐蚀性物品的柜、架应进行防腐蚀处理。

（5）危险试剂应分类分别存放。挥发性试剂存放时，应避免相互干扰，并方便排放其挥发物质。

（6）门窗应设遮阳板，并且朝外开。

小贴士

储存危险化学品的实验室在设计时应考虑设置明显的标志，同一个实验室贮存两种或两种以上不同级别的危险化学品时，应按最高等级危险化学品的性能标志。

二、实验室布局规划

1. 实验室的尺寸要求

（1）平面尺寸要求。实验室的平面尺寸主要取决于实验工作的要求，并综合考虑安全和发展的需要，例如实验台、仪器设备的放置和运行空间。通常情况下，岛式实验台宽度为1.2～1.8m（带工程网时不小于1.4m），靠墙的实验台宽度为0.75～0.90m（带工程网时可增加0.1m），靠墙的储物架宽度为0.3～0.5m。实验台的长度一般是宽度的1.53倍。通道方面，实验台间通道宽度一般为1.5～2.1m，岛式实验台与外墙窗户的距离一般为0.8m。

（2）实验室的高度尺寸

① 一般功能实验室。操作空间高度不应小于2.5m，考虑到建筑结构、通风设备、照明设施及工程管网等因素，新建的实验室，建筑楼层高度采用3.6m或3.9m。

② 专用电子计算机室。工作空间净高一般要求为2.6～3.0m，加上架空地板（高度约为0.4m，用于安装通风管道、电缆等）以及装修等因素，建筑高度高于一般功能实验室。

2. 走廊要求

（1）单面走廊。适用于狭长的条形建筑物，单面走廊净宽为1.5m左右。

（2）双面走廊。适用于长而宽的建筑物，中间为走廊，净宽为1.82m，当走廊上空布置有通风管道或其他管道时，应加宽为2.4～3.0m，以保证各个实验室的通风要求。

（3）检修走廊。净宽一般为1.5～2.0m。

（4）安全走廊。安全要求较高的实验室须设置安全走廊，一般在建筑物外侧建安全走廊，以便于紧急疏散，宽度一般为1.2m。

3. 建筑模数要求

（1）开间模数要求。实验室的开间模数主要取决于实验人员活动空间以及工程管网合理布置的必需尺度。对于目前常用的框架结构，开间尺寸比较灵活，常用的“柱距”为4.0m、4.5m、6.0m、6.5m、7.2m等，一般旧式的混合结构的“柱距”为3.0m、3.3m、3.6m。

（2）进深模数要求。实验室的进深模数取决于实验台的长度和其布置形式（即采用岛式还是半岛式实验台），还取决于通风柜的布置形式。目前采用的进深模数有6.0m、6.7m、7.2m或8.4m等。

（3）层高模数要求。实验室层高是指相邻两楼板之间的高度，净高是下层地板面到上层楼板下表面之间的距离，一般层高采用3.6～4.2m。

实验室建筑模型图如图2-1所示。

4. 实验室的朝向

实验室一般应取南北朝向，并避免在东西向（尤其是西向）的墙上开门和开窗，以防止阳光直射实验室内的仪器和试剂，影响实验工作的进行。若条件不允许或取南北朝向后仍有阳光直射室内，则应设计局部“遮阳”或采取其他补救措施。在室内布局设计的时候，也要考虑朝向的影响。

5. 建筑结构和楼面载荷

（1）实验室宜采用钢筋混凝土框架结构，可以方便地调整房间间隔及安装设备，并

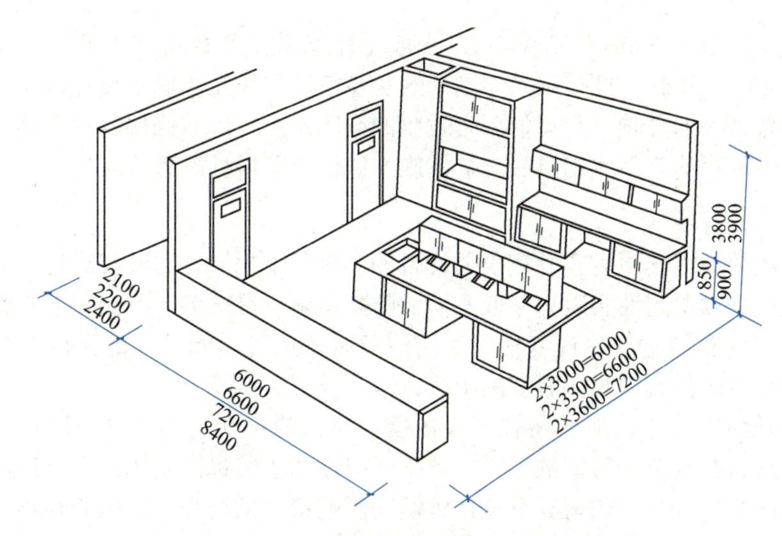

图2-1 建筑模型图（单位：mm）

具有较高的载荷能力。对于旧有楼房改建的实验室，必须注意楼板的承载能力，必要时应采取加强措施。

（2）根据GB 50009—2012《建筑结构荷载规范》对实验室载荷的要求，标准值一般取2.0kPa。其可以满足一般实验室的使用要求，但是对于一些特殊实验室，如包含试生产设备的实验室，拥有较多储水设备的实验室，重型箱体设备集中的实验室等，在设计时需要考虑增加局部载荷标准。当需要载荷量较大而采取加强措施又不太经济时，实验室应安置在底层。

（3）在非专门设计的楼房内，实验室宜安排在较低的楼层。

（4）实验室应使用“不脱落”的墙壁涂料，也可以镶嵌瓷片（或墙砖），以避免墙灰掉落。

（5）实验室的操作台及地面应作防腐处理。

6. 实验室建筑的防火

一般性的消防要求可以参照GB 50016—2014《建筑设计防火规范（2018年版）》。特殊要求如下：

（1）实验室建筑的耐火等级应取一、二级，吊顶、隔墙及装修材料应采用防火材料。

（2）疏散楼梯。位于两个楼梯之间的实验室的门至楼梯间的最大距离为30m，走廊末端的实验室的门至楼梯间的最大距离为15m。

（3）走廊净宽。走廊净宽要满足安全疏散要求，单面走廊净宽最小为1.3m，中间走廊净宽最小为1.4m。不允许在实验室走廊上堆放药品柜及其他实验设施。

（4）安全走廊。为确保人员安全疏散，专用的安全走廊净宽应达到1.2m。

（5）实验室的出入口。单开间实验室的门可以设置一个，双开间以上的实验室的门应设置两个出入口，如不能全部通向走廊，其中之一可以通向邻室，或在隔墙上留有安全出入的通道。

7. 采光和照明

精密仪器室的工作室，采光系数应取0.20～0.25（或更大），当采用电气照明时，其照度应达到150～200lx（勒克斯）。一般工作室采光系数可取0.10～0.12，电气照明的照度为80～100lx。具有感光性试剂的实验室，在采光和照明设计时可以加滤光装置，以削弱紫外线的影响。凡可能引发危险的照明系统，或有强腐蚀性气体的环境的照明系统，在设计时均应采取相应的防护措施，如使用防爆灯具等。

8. 实验室防震要求

由于不同的环境震源对实验室仪器设备的影响各不相同，因此在进行实验室设计的时候，必须根据震源的性质差异采取不同的防震措施，具体选择方法如下所述。

（1）在选址实验室的建设基地时，应注意尽量远离震源较大的交通干线和生产区域，以便减少或避免震动对实验室的干扰。

（2）在总体布局中，应将所在区域内震源较大的车间（如空气压缩站、锻工车间等）合理地布置在远离实验室的地方，此外还应注意压缩机活塞的运动方向，实验室应平行于活塞的冲程方向，如与其垂直，则震动影响将大大增强。如隔震距离达不到要求时，还可以采取其他防震措施，如挖开防震沟，仪器设独立基础。实验室内安装仪器设备工作台要稳固，必要时加橡胶防震器。

（3）在总体布局中，应尽可能利用自然地形，以减少震动的影响。如可利用河流将产生震动的建筑物和实验室隔开。如地面有起伏，可将产生震动的建筑物放在低处，利用土堆减小影响。如地面高度差在2m以上时，则可将产生震动的建筑物布置在高处，震动由上往下传播，震动波经过土层而衰减，此时可适当减少水平防震间距。

（4）在总体布局及进行实验室单体建筑的初步设计时，应先考察所在区域内的震源特点，经全面考虑，采取适当的“隔震措施”以清除震源的不良影响。

小贴士

实验室在布局规划时应考虑防雷，如实验室属于第一类防雷建筑物、第二类防雷建筑物以及第三类防雷建筑物的易受雷击部位，应采取直击雷防护措施。装设避雷针、避雷线、避雷网、避雷带是直击雷防护的主要措施。

积极讨论:

1. 讨论实验室仪器对电源有哪些要求。

2. 探讨实验室平面系数的内涵，以及它和哪些因素有关。

读书笔记

任务准备

通过对标准的解读，将精密天平、分析天平、普通实验天平的精准度范围计入表中。

天平精度对照表

天平种类	精度值范围
精密天平	0.01mg
分析天平	0.0001g
普通实验天平	0.001 ～ 0.1g

任务实施

1. 理论任务作答

2. 技能任务

任务类别	任务内容
识别精密天平的环境要求	查询精密天平室的规划设计标准，把实验室的室温、温度波动、相对湿度、光照、防震、通风等参数手动调整到标准值
识别分析天平的环境要求	查询分析天平室的规划设计标准，把实验室的室温、温度波动、相对湿度、光照、防震、通风等参数手动调整到标准值
识别普通实验天平的环境要求	查询普通实验天平室的规划设计标准，把实验室的室温、温度波动、相对湿度、光照、防震、通风等参数手动调整到标准值

任务评价

1. 理论任务评价

评价类别	评价要求	教师评价
理论任务	答案正确，在规定时间内完成。字迹端正、清楚。满分 100 分，60 分为合格	

2. 技能任务评价（满分 100 分，60 分为合格）

评价类别	项目	要求	人员自评	教师评价
识别精密天平的环境要求（30%）	温湿度、光照、防震、通风参数设置（30%）	正确设置温湿度要求（15%）		
		正确设置光照、防震、通风要求（15%）		
识别分析天平的环境要求（40%）	温湿度、光照、防震、通风参数设置（40%）	正确设置温湿度要求（20%）		
		正确设置光照、防震、通风要求（20%）		
识别普通实验天平的环境要求（30%）	温湿度、光照、防震、通风参数设置（30%）	正确设置温湿度要求（15%）		
		正确设置光照、防震、通风要求（15%）		

任务反思

对照任务实施中技能任务要求梳理在识别各种不同天平的环境要求过程中可能出现哪些不规范操作，并分析不规范操作对实验室日常工作的影响。

反思项目	梳理分析
不规范操作	
不规范操作对实验室日常工作的影响	

任务拓展

针对实验室规划设计管理理论知识和实操技能，课外应加强以下方面的学习和训练。

序号	拓展项目
1	根据实验室建筑防雷要求，延伸学习建筑物的防雷类别和防雷装置
2	“21 世纪实验室”能满足当前实验需要且能适应未来发展，自学后总结这种实验室模式的特色

任务巩固

1. 实验室的建筑设计一般分为哪三个阶段？

2. 试着列出试剂储存室在光照、温湿度、通风、位置等方面的具体要求。

任务2-2 实验室的基础设施建设

任务背景

为了实现自身职能，实验室须配备各种精密仪器。这些仪器对实验室基础设施建设水平有着相当严格的要求，如果条件不合适，即使是最先进的仪器和检测方法，再熟练的检验操作者，也不可能取得准确可靠的检验结果。我国在实验室基础设施建设技术方面仅仅用了几十年就走完了发达国家上百年才走过的发展历程，新时代新征程上，我国正在大力发展含有云计算、人工智能机器人等高科技的新基建，这一切正助推中国从传统基建大国，迈向科技基建强国的行列。

小R是某化学实验室的后勤人员，负责编制实验室日常物资采购计划。化学合成室的台面因使用时间较长，基础功能丧失，于近日进行了报废处理。主任安排小R采购两种实验室台面，一种要求耐酸碱腐蚀，另一种要求耐高温。小R应如何采购到符合要求的台面呢？

任务目标

知识目标	了解实验室常见台面的种类
能力目标	能准确说出不同台面的材质和优缺点
素养目标	具备绿色环保、可持续发展理念

工作任务

分别通过理论简答和技能操作两种方式完成正确选择分别符合耐酸碱腐蚀、耐高温要求的实验室台面的任务。

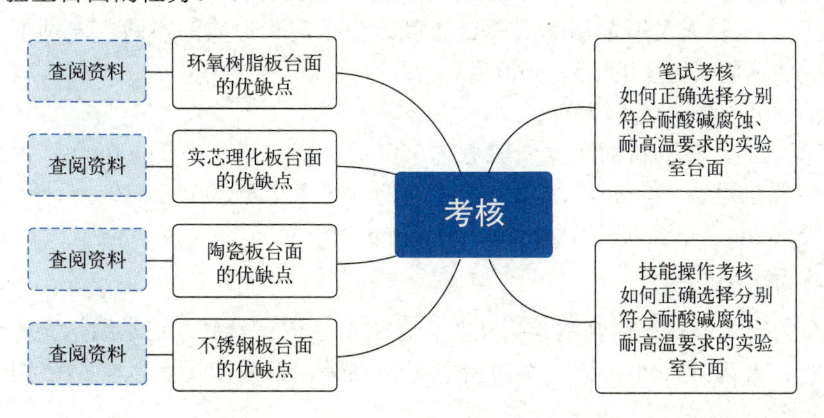

任务描述

项目	任务描述
理论任务	理论简答环氧树脂板、实芯理化板、陶瓷板、不锈钢板等四种材质的台面哪些耐酸碱腐蚀，哪些耐高温
技能任务	现市面上分别有环氧树脂板、实芯理化板、陶瓷板、不锈钢板等四种材质的实验室台面，请根据耐酸碱腐蚀和耐高温的要求模拟实际采购

任务资讯

实验室的基础设施建设主要包括基本实验室的基础设施建设、精密仪器室的基础设施建设和辅助室的基础设施建设三部分。根据实验室功能及工作环境要求的不同，基础设施建设的内容与标准也有所不同。

一、基本实验室的基础设施

（一）基本实验室的室内布置

基本实验室内的基础设施主要有实验台及配套设施。

1. 实验台的布置方式

实验室一般采用岛式、半岛式实验台。

岛式实验台：实验人员可以在四周自由行动，在使用中是比较理想的一种布置形式。其缺点是占地面积比半岛式实验台大，实验台上配管的引入比较麻烦。

半岛式实验台有两种，一种为靠外墙设置；另外一种为靠内墙设置。半岛式实验台的配管可从管道检修井或从靠墙立管直接引入。其缺点是活动范围受限。

2. 实验台的规格

实验台一般有两种：单面实验台（或称靠墙实验台）和双面实验台。在实验工作中，双面实验台的应用比较广泛。实验台的尺寸一般要符合如下要求。

① 长度。实验人员所需用的实验台长度，由于实验性质的不同，差别很大，一般根据实际需要选取其宽度的1.5 ～ 3.0倍。

② 台面高度。一般选取850mm。

③ 宽度。实验台的每面净宽一般考虑650mm，最小不应小于600mm，台上如有复杂的实验装置也可取700mm，台面上药品架部分可考虑宽200 ～ 330mm。一般双面实验台采用1500mm，单面实验台为650 ～ 850mm。

3. 实验台的结构形式

实验台的结构形式包括全钢结构实验台、钢木结构实验台、铝木结构实验台、全木结构实验台、聚丙烯（PP）结构实验台等不同种类，目前市场上以全钢结构实验台和钢木结构实验台应用最为广泛。实验台的结构形式如图2-2所示。

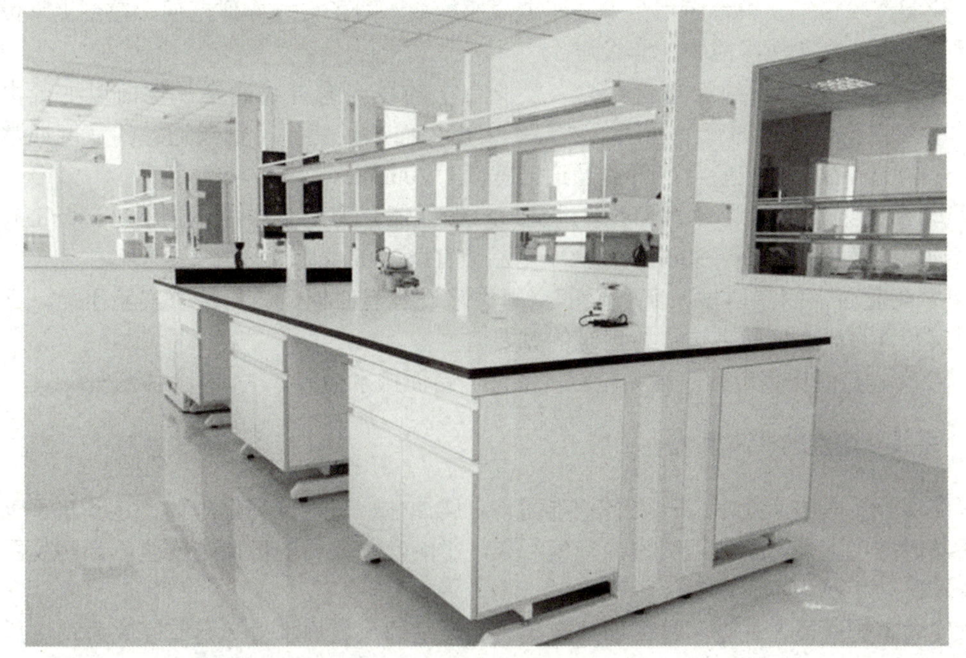

图2-2　实验台的结构形式

全钢结构实验台具备承重性能好、使用寿命长和性价比优良等优点，近年来市场发展很快，是未来国内实验室的发展趋势。全钢结构实验台为单元体结构，可以随意搭配，组装方便，适应性强。实验操作台整体以1.2mm厚、一级冷轧/镀锌钢板为基材，全自动压模成型；表面经过磷化、酸洗，再通过环氧树脂粉末烤漆处理，无突出漆块，光洁亮丽，耐强酸、强碱性能突出。

钢木结构实验台是选用钢材和木材做成的实验台。钢木结构实验台包含两种结构：C-frame型和H-frame型。C-frame型结构简单，灵活多变，可以随意组合，选用悬柜和推柜式结构，便于安装拆卸，有利于实验室清洁工作；H-frame型结构端庄大方，承重性能好，其钢架结构使得实验台承重能达到500kg以上，可满足大型精密仪器的使用要求。

4. 实验台的台面

实验台的台面要求耐酸碱腐蚀、耐高温、耐撞击等。台面应比下面的器皿柜宽，台面四周可设有小凸缘，以防止台面冲洗时的水或台面上的药液外溢。常见的台面有环氧树脂板、实芯理化板、陶瓷板、不锈钢板，目前应用最为广泛的是实芯理化板。

小贴士

不同类型的实验室需要不同类型的实验台。例如，化学实验室需要具有耐腐蚀性、防火性和溅泼控制功能的实验台；生物学实验室需要具有较高的卫生标准和易于清洁的表面的实验台；而物理实验室的实验台则需要采用耐高温的材料以利于进行物理实验。

5. 实验台的配套设施

化学实验台主要由台面和台下支座或器皿构成。为了实验操作方便，在台上常设有药品架、管线盒和洗涤池等配套设施。

① 管线通道、管线架与管线盒。实验台上的设施的管线通常从地面以下或由管道井引入实验台中部的管线通道，然后再引出台面以供使用。管线通道的宽度通常为300～400mm，靠墙实验台的管线通道的宽度为200mm。

② 药品架。药品架的宽度不宜过宽，一般以能并列两个中型试剂瓶（500mL）为宜，通常的宽度为200～330mm，靠墙药品架宜取200mm。

③ 实验台下的器皿柜。实验台下空间通常设有器皿柜，既可放置实验用品，又可满足实验人员坐在实验台边进行记录的需要。

④ 实验台的排水设备。通常包括洗涤池、台面排水槽等。

（二）基本实验室的通风系统

在实验过程中，经常会产生各种难闻、有腐蚀性、有毒或易爆气体，这些有害气体如不及时排出室外，就会造成室内空气污染，影响实验人员的健康与安全，影响仪器设备的精确度和使用寿命。

实验室的通风方式有两种，即局部排风和全室通风。局部排风是有害物质产生后立即就近排出，这种方式能以较少的风量排走大量的有害物，效果比较理想，所以在实验室中广泛地被采用。对于有些实验不能使用局部排风，或者局部排风满足不了要求时，应该采用全室通风。

1. 局部排风

（1）通风柜。通风柜是实验室中最常用的一种局部排风设备，分为顶抽式通风柜、狭缝式通风柜、供气式通风柜、自然通风式通风柜和活动式通风柜。通风柜在实验室内的位置，对通风效果、室内的气流方向都有很大的影响。常见的通风柜布置方案如下。

① 靠墙布置。这是最为常用的一种布置方式。通风柜通常与管道井或走廊侧墙相接，这样可以减少排风管的长度，而且便于隐藏管道，使室内整洁。

② 嵌墙布置。两个相邻的房间内，通风柜可分别嵌在隔墙内，排风管道也可布置在墙内，这种布置方式有利于室内整洁。

③ 独立布置。在大型实验室内，可设置四面均可观看的通风柜。

此外，对于有空调的实验室或洁净室，通风柜宜布置在气流的下风向，这样既不干扰室内的气流组织，又有利于室内被污染的空气排走。

（2）排气罩。某些情况下由于实验设备装置较大，或者实验操作上的要求使实验无法在通风柜中进行，但又要排走实验过程中散发的有害气体时，可采用排气罩，实验室常用的排气罩，大致有围挡式排气罩、侧吸罩和伞形罩3种形式。排气罩的布置应注意以下几点。

① 尽量靠近产生有害物的区域。

② 对于有害物不同的散发情况应采用不同的排气罩。如对于色谱仪，一般采用围挡式排气罩；对于实验台面排风或槽口排风，可采用侧吸罩；对于加热槽，宜采用伞形罩。

③ 排气罩的安装要便于实验操作和设备的维护检修。

2. 全室通风

当室内不设通风柜而又须排除有害物时，应进行全室通风。全室通风的方式有自然通风和机械通风两种。

① 自然通风。主要是利用室内外的温度差，把室内有害气体排至室外。当依靠门窗让空气任意流动时，称为无组织自然通风；当依靠一定的进风口和出风竖井，让空气按所要求的方向流动时，称为有组织自然通风。

② 机械通风。当使用自然通风满足不了室内换气要求时，应采用机械通风，尤其是危险品库、药品库等，尽管有了自然通风，为了防止事故，也必须采用机械通风。

二、精密仪器室的基础设施

精密仪器室主要设置有各种现代化的高精密度仪器，通常可与基本实验室一样沿外墙布置，同时应综合考虑仪器设备对温度、湿度、防尘、防震和噪声等的要求。以天平室为例做简要介绍。

天平是实验室必备的常用仪器。高精度天平对环境有一定要求，需要放置在专用的天平室里。天平室应靠近基本实验室，以方便使用，如实验室为多层建筑，应每层都设有天平室。天平室以北向为宜，还应远离震源，并不应与高温室和有较强电磁干扰的实验室相邻。高精度微量天平应安装在底层。

天平室应采用双层窗，以利于隔热防尘，高精度微量天平室应考虑有空调，但风速应小。天平室内一般不设置洗涤池或避免有任何管道穿过室内，以免管道渗漏、结露或在管道检修时影响天平的使用和维护。天平室应有一般照明和天平台上的局部照明，局部照明可设在墙上或防尘罩内。

实验室里常用的天平布置形式大都为台式。一般精度天平可以设在稳固的木台上；半微量天平可设在稳定的、不固定的防震工作台上，亦可设在固定的防震工作台上；高精度天平的天平台对防震的要求较高，部分台面可以考虑与台面的其余部分脱离，以消除台面上可能产生的震动对天平的影响。

小贴士

实验称量数据是实验最基础，也是最重要的环节，所以在天平室中，最好能放置监控设备，主要可以有效监控操作人员的规范性及操作称量数据的精准性。

三、辅助室的基础设施

辅助室直接为基本实验室与精密仪器室服务。

1. 中心（器皿）洗涤室

用于集中洗涤实验用品的房间。其尺度应根据日常工作量决定，但一般不应小于一个单间（如24m^2）。洗涤室的位置应靠近基本实验室，室内通常设有洗涤台，其水池上有冷热水龙头，以及干燥炉、干燥箱和干燥架等。若采用自动化洗涤机，则应考虑在其周围留有足够空间，以便检修和装卸器皿。工作台面需耐热、耐酸，房间应有良好的排风设备。

2. 中心准备室与溶液配制室

中心准备室一般设有实验台，台上有管线设施、洗涤池和储藏空间。

溶液配制室用来配制标准溶液和各种不同浓度的其他溶液。一般可由两个房间组成，其中一间放置天平，天平可按两人一台考虑；另一间用于存放试剂和配制试剂。室内应有通风柜、滴定台、辅助工作台、写字台、物品柜等。

3. 试样制备室

待分析测试的坚实试样（如岩石、煤块等）必须先进行粉碎、切片、研磨等处理，其所用设备既产生震动，又产生噪声，应采取防震与隔声措施。

4. 蒸馏水制备室

实验室中溶液的配制和器皿的洗涤都要用蒸馏水。蒸馏水可在专门的设备中制取。蒸馏水制备室的面积一般为1间$24m^2$左右，可设在顶层，由管道将蒸馏水送往各实验室，也可按层设立小蒸馏水制备室，还可采用小型蒸馏水设备，直接设在实验室里面。

四、实验室的工程管网布置

1. 实验室的工程管网布置要求

① 在满足实验要求的前提下，应尽量使各种管道的线路最短，弯头最少，以利于节约材料和减少阻力损失。

② 各种管道应按一定的间距和次序排列，以符合安全要求。

③ 管道应便于施工安装、检修、改装。

2. 工程管网的布置方式

各种管网都是由总管、干管和支管3部分组成的。总管是从室外管网到实验室内的一段管道，干管是从总管分送到各单元的侧面管道，支管是从干管连接到实验台和实验设备的一段管道。各种管道大多以水平和垂直两种方式布置。

（1）干管与总管的布置

① 干管垂直布置。指总管水平铺设，由总管分出的干管都是垂直布置。水平总管可铺设在建筑物的底层，也可铺设在建筑物的顶层。对于高层建筑物，有的水平总管铺设在底层或顶层，有的铺设在中间的技术层内。

② 干管水平布置。指总管垂直铺设，在各层由总管分出水平干管。通常把垂直总管设置在建筑物的一端，水平干管由一端通到另一端。

（2）支管的布置

① 沿墙布置。无论干管是垂直布置还是水平布置，如果实验台的一面靠墙，那么从干管引出的支管都可沿墙铺设到实验台。

② 沿楼板布置。如果实验台采用岛式布置，那么由干管到实验台的支管一般都沿楼板下面铺设，有的支管穿过楼板向上连到实验台。实验室管道系统布置如图2-3所示。

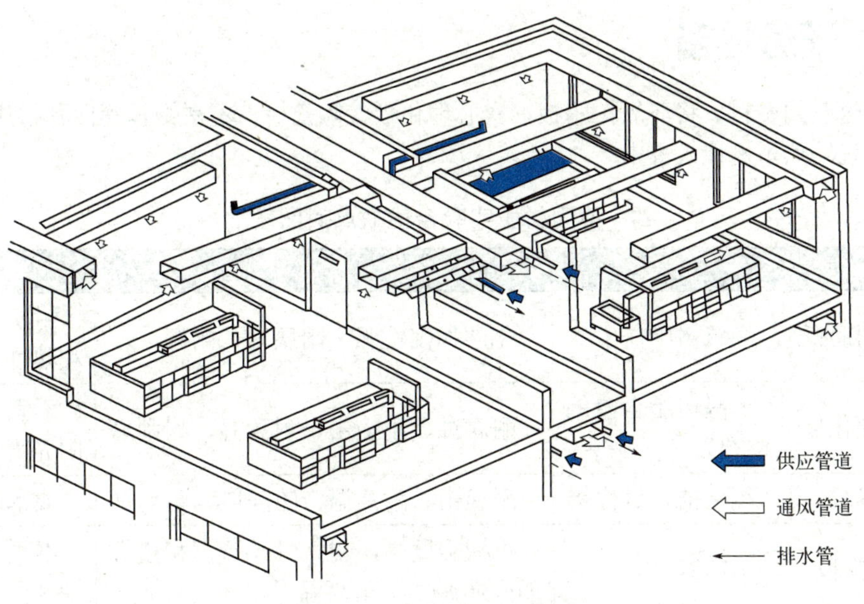

图2-3　实验室管道系统布置

积极讨论：

1. 讨论实验室采暖有哪些要求。

2. 探讨设计实验室供电系统时，应注意哪些问题。

读书笔记

任务准备

通过查阅资料，将环氧树脂板、实芯理化板、陶瓷板、不锈钢板等四种材质实验室台面的优缺点举例计入表中。

不同材质实验台优缺点对照表

台面名称	材质	优点	缺点
环氧树脂板	环氧树脂	化学稳定性强、耐腐蚀、耐菌	耐机械冲击和热冲击差
实芯理化板	酚醛树脂含浸的木纤维	耐腐蚀、耐撞击、耐高温、耐刮磨	不宜长时间阳光直射
陶瓷板	氧化锆、氧化铝	耐撞击、耐高温、防静电、耐腐蚀	成本高
不锈钢板	不锈钢	机械强度高，耐大气、蒸汽和水等弱介质腐蚀，耐高温	不耐化学侵蚀性介质腐蚀

任务实施

1. 理论任务作答

2. 技能任务

任务类别	任务内容	要点提示
识别耐酸碱腐蚀的台面材质	分别在市面上常见的4种实验室台面材质中选择能耐酸碱腐蚀的材质类型，并模拟采购	1. 环氧树脂板：化学稳定性强、耐腐蚀、耐菌，但耐机械冲击和热冲击差 2. 实芯理化板：耐腐蚀、耐撞击、耐高温、耐刮磨、成本低，但不易长时间阳光直射 3. 陶瓷板：耐撞击、耐高温、防静电、耐腐蚀，但成本高 4. 不锈钢板：机械强度高，耐大气、蒸汽和水等弱介质腐蚀，耐高温，但不耐化学侵蚀性介质腐蚀
识别耐高温的台面材质	分别在市面上常见的4种实验室台面材质中选择能耐高温的材质类型，并模拟采购	

任务评价

1. 理论任务评价

评价类别	评价要求	教师评价
理论任务	各材质特征信息书写正确，在规定时间内完成。字迹端正、清楚。满分100分，60分为合格	

2. 技能任务评价（满分100分，60分为合格）

评价类别	项目	要求	人员自评	教师评价
识别耐酸碱腐蚀的台面材质（50%）	选择符合要求的3种材质（50%）	正确选择（40%）		
		无遗漏（10%）		
识别耐高温的台面材质（50%）	选择符合要求的3种材质（50%）	正确选择（40%）		
		无遗漏（10%）		

任务反思

对照任务实施中技能任务要求梳理在模拟采购耐酸碱腐蚀和耐高温的台面材质过程中可能出现哪些错误，并分析这些错误对实验室日常工作的影响。

反思项目	梳理分析
可能出现的错误	
出现的错误对实验室日常工作的影响	

任务拓展

针对实验室基础设施建设管理理论知识和实操技能，课外应加强以下方面的学习和训练。

序号	拓展项目
1	延伸学习带算式排气口的实验台的结构形式和适用范围
2	查询乙酸的物理性质，研讨实验室中乙酸存储库房的基础设施建设要求

任务巩固

1．全钢结构实验台和钢木结构实验台各自特点和适用领域是什么？

2．实验室的通风方式有哪两种？每一种通风方式的适用条件是什么？

项目自测

一、填空题

1．实验室的建筑设计一般分为__________、__________、__________三个阶段。

2．实验室对环境有特殊要求，一般应免受__________、__________、__________、__________、__________、__________、__________等的侵蚀，才能保证实验室工作的顺利进行。

3．墙裙高度要求离地面__________，便于清洁。

4．实验室的走廊分为__________、__________、__________、__________走廊4种。

5．实验室供水的方式包括__________、__________、__________、__________4种。

6．实验台的设计方式有__________、__________两种。

7．实验室的通风方式有__________、__________两种。

二、单项选择题

1．一般功能实验室的操作空间高度不应小于（　　）。

A．2.0m　　B．2.5m　　C．3.0m　　D．3.5m

2．精密仪器室的工作室采光系数范围为（　　）。

A．0.08～0.10　　B．0.08～0.12　　C．0.10～0.12　　D．0.20～0.25

三、简答题

1．实验室防震的主要途径是什么？常用方法有哪些？

2．实验室仪器设备对电源有什么要求？为什么？

3．危险物品储藏室有什么要求？

项目三

实验室组织管理

背景导入

随着新一轮科技革命和产业变革的深入推进，我国各级各类实验室已有效建立与之匹配的高水平、多层次组织管理体系。同时组织机构、人员等因素统筹规划、有效配置、协调发展，也为推动前沿研究、经济高质量发展提供有力支撑。大、中型企业，高校及科研机构的实验室，不仅需要有精密仪器和必备的校准作业设施，更需要有组织严密、严丝合缝的运行体系及高素质、高水平的人员队伍。

情景案例

小L毕业后进入某大型食品生产集团实验室承担食品质量分析检验工作。某日他发现一台分析仪器设备已超过校准有效期，如果继续使用，有可能会造成数据失真，他马上向实验室负责技术的工程师汇报，工程师很自信地说："我们刚刚对所有仪器进行了维保、校准，怎么可能会有这样的问题？"小L见问题得不到解决，于是他找到了集团总工程师，总工程师来到实验室，果然发现了问题真实存在。后经调查发现，技术工程师在前期进行校准时，漏掉了这台设备。总经理知道这件事后，提拔了小L，并感慨地说："我们实验室并不缺人才，但缺少真正爱岗敬业、有责任感的人才。"

一、小L为什么会受到提拔？负责技术的工程师的做法符合其岗位职责吗？

二、该案例对你的启示：

任务3-1 实验室组织机构管理

任务背景

组织管理是对企业管理中建立健全管理机构，合理配备人员，制订各项规章制度等工作的总称。优秀的组织管理能有效地配置企业内部的有限资源，确保以最高的效率，实现组织目标。组织管理经历了多个发展阶段，不同阶段展现了人们在不同时代对组织管理的认识和理解，也是我们今天学习组织管理的历史之镜。在消费者对产品需求呈现出多元化的今天，中国企业正致力于通过改善组织结构、人员分工、组织运行方式，使企业各个系统能迅速适应客户需求的不断变化，以低耗费、高效率最终达到整个管理链、产品链最优。

某企业新成立一个食品分析检验室，部门拟下设综合室、现场室，拟设置技术负责人、质量负责人、综合室主任、现场室主任、分析室主任、质量监督员、后勤人员，并制订了部门职责和岗位职责。主任委托小D梳理实验室组织机构拟设置过程中，有无重要部门和关键岗位的遗漏，小D应怎样准确找出问题所在?

任务目标

知识目标	掌握实验室系统各部门和人员分类
能力目标	能准确说出实验室部门职责及人员岗位职责
素养目标	具备社会道德、个人道德、职业道德

工作任务

分别通过理论简答和技能操作两种方式完成相关人员对实验室重要部门和关键岗位的认识。

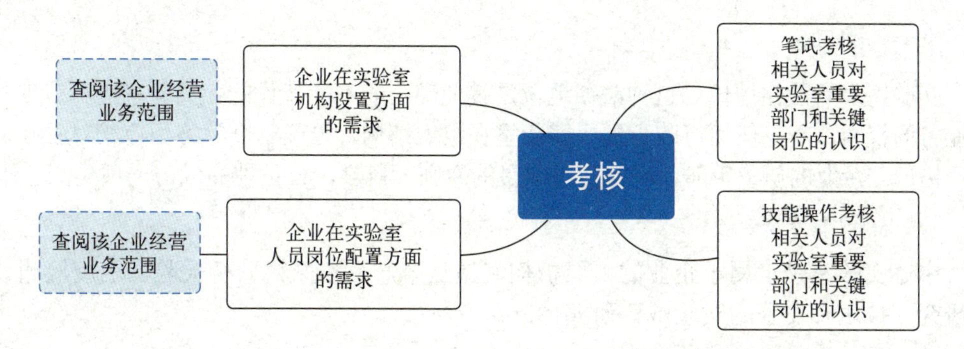

任务描述

项目	任务描述
理论任务	理论作答实验室应下设的重要部门名称、关键岗位名称
技能任务	根据实验室组织机构设置、人员岗位配置基本规律，查找该企业组织机构设置过程中遗漏的重要部门，梳理人员岗位配置过程中遗漏的关键岗位

任务资讯

一、实验室组织机构设置

（一）机构设置

实验室系统，一般设有中心实验室、车间实验室和班组实验室（岗），构成一个三级检验体系。

1. 中心实验室设置

中心实验室是企业中产品质量检验的核心实验室，它具有强大的人力资源和丰富的物力资源，在这里不仅可以完成所有产品、原料的质量检验工作，而且还可以进行新方法的研讨、新标准的建立等难度较大的研究性工作。

2. 中控实验室设置

中控实验室是指设置在生产车间或班组中的实验室，其作用是监控生产过程中的中间产品、半成品和成品的质量，以便随时掌握这些中间产品的质量变化情况，并将分析结果及时向车间负责人通报，保证工艺过程正常运行，确保产品质量达到标准要求。

3. 实验室组织机构

实验室组织机构根据企业规模和企业目标不同，可有多种形式。常见的实验室组织机构如图3-1所示，图中每个机构都应有一组工作人员各司其职（可兼职）。

（二）实验室的地位与职权范围

1. 实验室的地位

实验室具有法律地位。这种法律地位是其他部门所不能替代的。实验室应具有独立开展业务的权力，不受任何行政干预。实验室在组织结构、管理制度等方面应相对独立，并能严格遵守企业的质量手册，坚持实事求是的原则，科学、公正地完成每一项检测工作。

2. 实验室的隶属关系

中心实验室是隶属于企业的二级机构，是从事产品和原料分析检验、三废检测或方法研究、技术开发等的实验或科研实体。

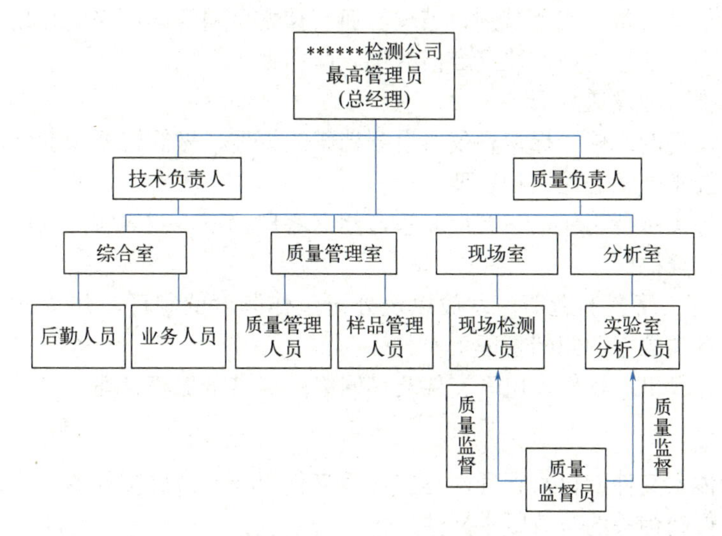

图3-1　实验室组织机构

3. 实验室的职权范围

实验室的职权范围，是指实验室在分析检验程序中所行使的有效权限范围。不同的实验室具有不同的职权范围，即权限范围有大有小，承担的责任有轻有重。对于独立法人的检测单位，应具有独立开展检测业务工作的能力。检测结果不受行政干预，应保证检测数据的公正性、客观性和准确性。

小贴士

质量手册是对质量体系作概括表述、阐述及指导质量体系实践的主要文件，是企业质量管理和质量保证活动应长期遵循的纲领性文件。质量手册有三方面作用：第一，在企业内部，它是实施各项质量管理活动的基本法规和行动准则；第二，对外部实行质量保证时，它是证明企业具有质量保证能力的文字表征和书面证据，是取得用户和第三方信任的手段；第三，质量手册不仅为协调质量体系有效运行提供有效手段，也为质量体系的评价和审核提供依据。

二、实验室机构职责

实验室机构职责包括实验室部门职责和各类人员的岗位职责。

（一）部门职责

1. 综合室

（1）受理外来检测业务（包括委托送样），做好登记并下达任务，做好外来委托样品的承接、标识及相关情况的记录。

（2）各类来文、发文的交接登记和公司内文件材料的起草、打印和发送，记录表式的印制和技术，记录表式的发放、登记工作。

（3）编制仪器设备、化学试剂、玻璃器皿、技术资料等年度采购计划，负责物资采购、验收、发放、仓库管理，建立合格的供应商档案。

（4）检测报告的发送登记。

（5）仪器设备的维修、标识和仪器设备档案的管理，做好仪器年度检定工作。

（6）人员技术档案的建立和管理。

（7）做好各类接待工作，与客户联系，建立客户档案，收集客户反馈信息，负责客户投诉的受理、登记。

（8）公司员工薪资的造册、发放以及公司工作制度的制订，并对执行情况进行检查，负责公司各类档案的归档管理工作。

（9）公司计算机、软件、电子文件及其网络的日常维护和管理。

2. 质量管理室

（1）质量体系文件的日常管理，建立体系文件目录，做好文件的发放、登记，确保所有工作场所得到相关的有效版本文件。

（2）对不符合的工作进行评价并跟踪纠正措施、预防措施的实施，对这些措施的有效性进行验证、评价。

（3）公司质量管理工作，制订年度质量控制计划，监督各科室贯彻执行。

（4）组织实施实验室间比对、能力验证工作。此外，还需要协助质量负责人做好质量体系的编写、修订换版和宣传贯彻工作。

3. 现场室

（1）公司检测工作的具体实施，认真做好现场采样记录工作和记录的复核。

（2）现场采样样品的标识及运输过程中样品的保护。

（3）提出本室服务和供应品的需求申请并对其使用情况进行评价，参与有关仪器设备的验收。

（4）仪器设备的日常维护，协助仪器设备的校准，组织实施仪器设备和标准物质的期间核查，保证其在受控状态和有效期内使用。

（5）按要求开展扩项和检测方法的确认工作。

（6）现场检测项目的测量不确定度的评定工作。

（7）安全防护设施的日常管理，采取安全防护措施，确保人员安全。

（8）计算机、软件、电子文件的日常维护、管理，业务资料的收集、归档。

4. 分析室

（1）完成各类样品的分析任务，认真做好分析原始记录和记录的复核工作，及时报出各类数据。

（2）分析过程中样品的保护。

（3）实验室设施的日常维护、监控、报修及维修工作，实验室环境的日常维护、监控工作。

（4）实验废弃物的收集、保存和处理工作。

（5）提出本室服务和供应品的需求申请，并对其使用情况进行评价，参与相关仪器设备的验收，编写调试报告。

（6）分析室检测人员的安全防护和领用化学品后的管理工作。

（7）仪器设备的日常维护，组织实施仪器设备和标准物质的期间核查，保证其在受控状态和有效期内使用。

（8）按要求开展扩项和检测方法的确认工作，按要求参加实验室间比对和能力验证活动，按质量控制要求完成相应的工作。

（9）计算机、软件、电子文件的日常维护、管理，安全防护设施的日常管理，采取安全防护措施，确保人员安全。

（二）岗位职责

1. 总经理（法定代表人）

（1）全面负责本公司各项工作，组织贯彻执行国家有关方针、政策、法律、法规。

（2）确保检测数据的公正性、准确性、代表性，恪守公正、独立、诚实的原则，承担法律责任。

（3）制订质量方针、质量目标，负责质量手册、程序文件的批准和发布，对本公司测量活动进行决策，主持管理评审。

（4）掌握本公司发展方向，组织制订方针，批准公司发展规划和年度工作计划，组织配置必要的资源。

（5）任命技术负责人和质量负责人，聘任专业技术人员和部门负责人，任命关键岗位人员，指定关键管理岗位的代理人。

（6）审批年度经费预算和决算，审批仪器设备和物资购置计划。

（7）负责人员的引进、调配的批准，组织公司人力资源配置和对全体人员的考核奖惩。

（8）批准重大质量事故引起的责任和赔偿等方面的抱怨与申诉的处理。

（9）主持召开公司办公会议，确保在实验室内部建立适宜的沟通机制，并就管理体系有效性的事宜进行沟通。

（10）提供建立和实施管理体系以及持续改进其有效性承诺的证据。

（11）将满足客户要求和法定要求的重要性传达到组织。

（12）当策划和实施管理体系的变更时，应确保保持管理体系的完整性。

2. 技术负责人

（1）确定公司技术活动的方法和路线。

（2）参与质量手册、程序文件的会审，组织重大项目合同书的评审。

（3）负责全公司人员正确贯彻执行国家标准和技术规范，主持编写、修改和审批有关的技术文件（作业指导书、技术记录表式、技术报告等）。

（4）负责采购计划的审核和合格供应商的批准，组织大型仪器设备和关键物资的验收。

（5）负责技术运作活动中不符合工作的控制。

（6）批准技术运作活动方面的纠正措施和预防措施。

（7）负责审批检测工作的新技术、新方法和新能力。

（8）组织检测方法的确认，批准方法偏离的例外许可。

（9）主持人员资格确认工作。

（10）确保实验室运作质量所需的资源。

（11）参加管理评审，提供相关资料，在管理评审会议上汇报。

（12）负责技术咨询和技术服务工作的开展。

（13）负责指导、协调分管范围内的业务工作。

（14）在质量负责人外出时代行其职责。

3. 质量负责人

（1）负责质量体系及其有效运行，组织质量手册、程序文件、质量记录表式的编写和修改，审定质量记录表式，保证质量体系文件的现行有效。

（2）全面负责内审工作，编制年度内审计划，选派内审员，审核内审报告。

（3）组织处理检测工作中的投诉以及质量事故。

（4）参与重大项目业务技术合同书的评审。

（5）负责质量体系活动中不符合工作的控制。

（6）批准质量体系活动方面的纠正措施和预防措施。

（7）负责实验室间比对、能力验证计划，年度质量控制计划，年度检测设备检定/校准（验证），确认总体计划，年度人员培训和考核等质量监督和人员培训的有效性评价。

（8）负责测量不确定度的确认。

（9）负责危险化学品、剧毒品的领用批准。

（10）参与管理评审，协助总经理做好管理评审前的组织工作和准备工作，编写管理评审实施计划，代表管理层督促评审中提出的纠正、预防措施的实施。

（11）负责指导、协调分管范围内的业务工作。

（12）在技术负责人外出时代行其职责。

4. 综合室主任

（1）全面负责本室各项工作，编制本室工作计划、总结。

（2）负责制订年度检测工作计划，负责委托检测任务的下达。

（3）负责检测方案和检测报告审核工作，负责上报业务技术报表和报告的复核工作。

（4）组织检测方法的确认工作，对例外许可申请进行审核。

（5）提出本室人员技术培训、考核的需求。

（6）负责组织客户的接待以及客户反馈意见的收集。

（7）负责落实服务、供应品的采购以及实验室设施和环境条件的配置。

（8）组织编制公司年度经费的预算和决算，编制年度采购计划。

（9）制订公司内工作制度，组织制度执行情况的检查。

（10）负责访客的接待，负责公司内公章的使用管理。

（11）负责本室工作台账的建立，组织全公司各类档案的整理归档工作。

5. 质量管理室主任

（1）全面负责质量管理室的各项工作，编制本室工作计划、总结。

（2）负责质量体系文件的管理，做好质量体系文件的编号、发放、登记、归档工作和质量记录表式的制订、发放和登记工作。

（3）组织协调全公司的质量保证工作，编制年度质量控制计划，并组织实施。

（4）负责投诉的调查和处理工作。

（5）负责实验室间比对和能力验证工作的组织实施。

（6）协助质量负责人做好内审工作。

（7）编制人员的岗位培训和考核计划，并组织实施。

（8）负责组织实施仪器的检定和校准。

（9）负责组织测量不确定度的评定工作。

（10）提出人员技术培训、考核的需求。

（11）负责工作台账的建立和档案归档工作。

6. 现场室主任

（1）全面负责现场室各项工作，编制本室工作计划、总结。

（2）负责提出本室人员的技术培训、考核需求和检测用仪器设备、化学试剂、实验耗材的购置申请。

（3）负责拟定本室新开设项目及相关仪器设备的购置计划。

（4）负责本室在用仪器设备的管理和期间核查计划的逐项落实。

（5）按要求组织现场人员参加实验室间比对和能力验证活动。

（6）按要求组织现场人员参加检测方法的确认工作。

（7）安排、检查、督促现场人员按规定要求完成检测任务。

（8）对检测中出现的不合格项进行调查分析，提出纠正措施并组织实施。

（9）负责分管范围内实验室的安全、内务、管理工作。

7. 分析室主任

（1）全面负责分析室各项工作，编制本室工作计划、总结。

（2）负责提出本室人员的技术培训、考核需求和检测用仪器设备、化学试剂、实验耗材的购置申请。

（3）负责拟定新开设项目及相关仪器设备的购置计划。

（4）负责本室在用仪器设备的管理和期间核查计划的逐项落实。

（5）按要求组织分析人员参加实验室间比对和能力验证活动。

（6）按要求组织分析人员参加分析方法的确认工作。

（7）安排、检查、督促分析人员按规定要求完成各项工作。

（8）对分析中出现的不合格项进行调查分析，提出纠正措施并组织实施。

（9）负责分管范围内实验室的安全、内务、管理工作。

8. 检测人员

（1）须经过培训，考核合格取得上岗证书，熟练掌握与本专业有关的标准检测方法及有关法规。

（2）检测人员应不受任何干预，严格执行质量手册的规定，严格按有关程序文件和作业指导书开展检测工作，认真做好检测工作，确保数据准确可靠。

（3）熟悉所使用仪器设备的性能及操作规程，做好使用、维护记录。

（4）积极参加有关的培训学习，努力提高技术水平。

（5）当检测仪器设备、环境条件或被测样品等不符合检测技术标准要求时，检测人员有权暂停检测工作并及时上报室主任。

9. 质量监督员

（1）对实验室人员特别是在培人员和新上岗人员进行技术监督。

（2）负责检查工作标准溶液（含标准气）的制备、维护、使用状况。

10. 样品管理员

（1）负责样品的接收与回退，按照样品的检测要求对样品进行管理。

（2）监督样品的处置和传递。

（3）有权制止违反样品管理程序的偏离行为，并责成当事人纠正。

（4）负责样品的唯一性标识。

（5）负责样品的保留或清理。

11. 后勤人员

（1）仪器设备管理员

① 负责仪器设备的验收。

② 负责建立仪器设备维修方名录。

③ 负责办理仪器设备的停用、报废手续。

④ 负责公司仪器设备档案的收集、管理、归档。

⑤ 建好仪器设备台账。

（2）仓库管理员

① 编制相关物资采购计划。

② 验收采购物资、分类入库并按要求存放。

③ 建立库房管理台账。

④ 负责仓库的防火、防潮、防盗等的安全卫生工作。

（3）档案管理员

① 熟悉档案管理业务和库存的档案。

② 负责受控文件的登记、发放等日常管理工作，负责受控文件档案管理及借阅工作。

③ 跟踪标准、规范、规程等技术文件的有效性，及时收集有关标准，保证技术文件的现行有效。

④ 负责监测报告副本、原始记录、仪器设备档案、人员技术业绩档案等的归档保存。

⑤ 妥善保管档案，防止霉变和虫蛀。

12. 业务人员

（1）负责客户委托项目接洽，进行业务报价。

（2）确认并签订客户委托任务的合同或委托书。

（3）及时与客户沟通合同签订后的任何偏离或修改。

（4）保管签订后的委托单、合同及有关记录。

（5）负责委托方案和检测报告的编写。

小贴士

内审员与质量监督员有什么区别？

（1）岗位性质不一样：内审员一般为取得内审员资格证书的员工兼职，质量监督员为专职岗位，一般从经验丰富的质检员或工艺技术员中选拔产生。

（2）工作范围不一样：内审员定期（一般每年一次，每次3～5天）参与企业质量管理体系内部审核，质量监督员主要是日常监督产品质量并判断是否符合技术标准、生产工艺纪律是否得到有效执行等。

积极讨论:

1. 讨论实验室三级检验体系职责方面的不同点。

2. 探讨国内企业常见的组织结构形式?

读书笔记

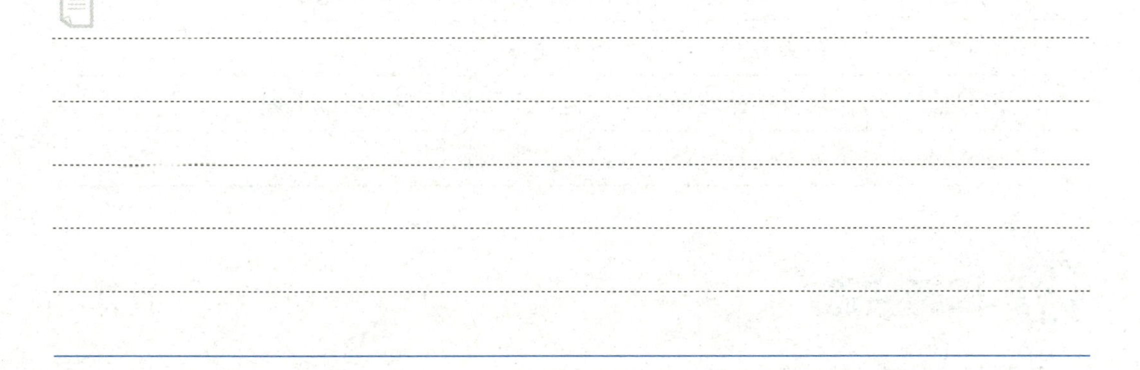

任务准备

通过查阅资料，将实验室通常需要设置的重要部门和关键岗位计入表中。

实验室重要部门对照表

实验室重要部门	部门职责
综合室	受理外来检测业务，做好登记并下达任务，编制年度采购计划，负责采购、验收、发放
质量管理室	质量体系文件的日常管理，制订年度质量控制计划，组织实施实验室间比对工作
现场室	公司检测工作的具体实施，现场采样记录工作，仪器设备的日常维护
分析室	完成样品的分析任务

实验室关键岗位对照表

实验室关键岗位	岗位职责
法定代表人	全面负责本实验室各项工作
技术负责人	确定实验室技术活动的方法和路线
质量负责人	负责质量体系及其有效运行
综合室主任	全面负责本室各项工作，负责制订年度检测工作计划，负责委托检测任务的下达
质量管理室主任	全面负责质量管理室各项工作，组织协调实验室质量保证工作
现场室主任	全面负责现场室的各项工作，组织现场人员按要求完成检测任务
分析室主任	全面负责分析室的各项工作，安排、检查分析人员按要求完成各项工作
检测人员	严格按程序开展检测工作，确保数据准确可靠
质量监督员	对实验室人员进行技术监督
样品管理员	负责样品的接收与回退，负责样品的保留或清理
后勤人员	负责仪器设备、仓库、档案的管理

任务实施

1. 理论任务作答

____

____

____

____

____

2. 技能任务

任务类别	任务内容
筛查遗漏的重要部门	根据案例中拟设置的部门情况，对照重要部门一览表，找出遗漏的部门
筛查遗漏的关键岗位	根据案例中拟设置的岗位情况，对照关键岗位一览表，找出遗漏的岗位

任务评价

1. 理论任务评价

评价类别	评价要求	教师评价
理论任务	准确写出实验室常见的重要部门和关键岗位，在规定时间内完成。字迹端正、清楚。满分 100 分，60 分为合格	

2. 技能任务评价（满分 100 分，60 分为合格）

评价类别	项目	要求	人员自评	教师评价
筛查遗漏的重要部门（50%）	质量管理室（25%）	准确找出质量管理室被遗漏（25%）		
	分析室（25%）	准确找出分析室被遗漏（25%）		
筛查遗漏的关键岗位（50%）	法定代表人（12.5%）	准确找出法定代表人被遗漏（12.5%）		
	质量管理室主任（12.5%）	准确找出质量管理室主任被遗漏（12.5%）		
	检测人员（12.5%）	准确找出检测人员被遗漏（12.5%）		
	样品管理员（12.5%）	准确找出样品管理员被遗漏（12.5%）		

任务反思

对照任务实施中技能任务要求梳理实验室组织机构设置、人员岗位配置容易出现哪些遗漏，并分析这些遗漏对实验室日常工作的影响。

反思项目	梳理分析
可能出现的遗漏	
出现的遗漏对实验室正常工作的影响	

任务拓展

针对实验室组织管理理论知识和实操技能，课外应加强以下方面的学习和训练。

序号	拓展项目
1	延伸学习直线职能制和事业部制两种常见组织结构形式的优缺点
2	探讨实验室规模与资源的关系

任务巩固

1．实验室检测人员这个岗位有哪些主要职责？

2．实验室现场室和分析室在部门职责上有哪些区别？

任务3-2 实验室人员管理

任务背景

人力资源是生产要素中最活跃的要素。20世纪80年代以来，劳动力供给持续增加，促进了我国经济高速增长。新时代深入实施科教兴国战略、人才强国战略、创新驱动发展战略，加快建立人才资源竞争优势，这些举措正推动我国从人口红利向人才红利转变。在实验室人力资源管理中，要抓住“人”这个关键因素，确定人是决定因素、事在人为、以人为本、促进实验室人员全面发展的观念，在适当的时候把适合的人员安排在恰当的位置上，充分调动人员积极性，保证实验室整体工作效率。

某企业组建了新的实验室系统，总经理授权小A负责实验室人员组建工作，要求人员搭配合理、岗位职责明确、激励机制完整有效，小A该从哪些方面入手完成这项复杂的工作呢？

任务目标

知识目标	了解实验室人员组织管理的内容
能力目标	能准确说出实验室人员结构特点
素养目标	具备职业道德和爱岗敬业、忠于职守的工作态度

工作任务

分别通过理论简答和技能操作两种方式完成实验室人员管理相关知识点。

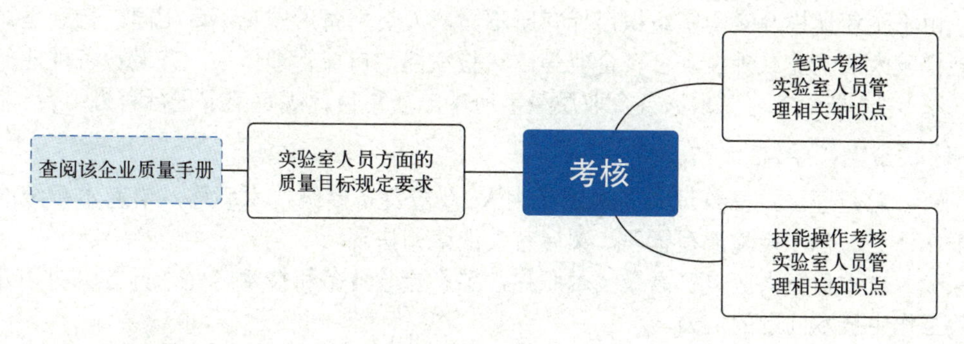

任务描述

项目	任务描述
理论任务	从专业结构、技术职务结构、年龄结构三个方面写出实验室人力资源配置的注意要点
技能任务	从专业结构、技术职务结构、年龄结构三个方面分别进行新实验室系统的人力资源配置；从岗位职责、岗位培训、业务考核、职称评聘四个方面入手，建立新实验室系统的人力资源管理机制

任务资讯

一、实验室人员配备

实验室人员是实验室的核心。一个仪器设备齐全但没有实验人员的实验室，只能称为仪器设备陈列室。只有配备了组合恰当的实验人员，实验室才有可能完成生产所需要的科研、检验工作。

实验室中的各类人员在相应组织机构和管理人员的组织领导下，进行科研、分析检验等技术和管理工作，完成实验室系统的目标和任务。实验室人员主要由从事检验工作的技术人员、研究人员、管理人员、其他辅助人员等组成。实验室人员配备主要应从以下两个方面来进行考虑和安排。

1. 实验室人员的构成

人员构成主要是从实验室组织目标出发，依据实验室所承担的任务进行设置。首先考虑专业结构设置，需要建立和配备一支专业性强的技术人员队伍和一套必要的检测设施，以满足和保证组织目标的实施。其次，在配置人员过程中，除考虑专业结构合理设置外，原则上还应从实际工作出发，按层次配置相应的高级、中级、初级技术人员结构，呈“金字塔”形组合。另外，从长远的检验工作发展考虑，还应在年龄层次上有所差别，最好是形成一个梯队的组合，老、中、青各占有一定的比例。

由于企业规模及实验室组织目标有所不同，人员配备形式也不尽相同，特别是对那些规模较大的企业或外资及合资企业等，实验室往往自成管理体系，并设置各种业务科室（部），人员配置可以根据各企业质量手册中的质量目标规定要求进行有机组合。

2. 任职资格和条件

（1）总经理或最高管理者（法定代表人），应具备高级技术职称，精通本系统的检验工作任务，善于检验流程管理，掌握有关法律和法规。

（2）技术负责人应具备高级技术职称，熟悉检验业务和技术管理，具备解决和处理检验工作中技术问题的能力。

（3）质量负责人应具备中级以上技术职称，熟悉检验业务和检验工作质量管理方面的知识，有处理质量问题的能力。

（4）其他室负责人应具备中级以上技术职称，精通本室的管理与专业知识，掌握与检验有关的法律知识。

（5）检验人员应具备本专业基础知识，了解有关法律法规知识，并经考核后具备上岗资格。

（6）内审员（审核人员）应熟悉有关标准和质量体系文件，能独立拟定审核活动，掌握质量体系审核的知识和技能，并经过培训达到合格，一般由系统的负责人担任。

（7）质量监督员应熟悉检验工作方法和程序，了解检验目的和检验标准，并能评审检验结果，一般由系统的技术人员担任。

小贴士

实验室检验人员身体条件要求：身体健康，无色盲、色弱、高度近视等与检验工作要求不相适应的身体因素。

二、实验室人员组织管理

在现实的管理工作中，人的管理是所有管理工作的核心，由于人是具有思想的，人的管理又是最为复杂的，应根据政策和诸多因素安排适宜的管理模式。

实验室人员管理的内容重点是要求各类人员的结构合理、岗位职责明确，建立完整有效的激励机制、竞争机制和流动机制，增强各类人员的竞争意识和竞争能力，充分调动其工作积极性、主动性和创造性，使实验室人员的素质得到不断的提高。具体管理内容如下所述。

1. 定编、定岗位职责、定结构比例

（1）定编。应遵循效率原则并根据实验室系统的实际工作岗位、目标及任务，实验室的发展和技术进步等确定各专业（学科）、技术职务（技能等级）、年龄阶段人员的编制，且应注意固定编制与流动编制相结合、各类人员数量和结构的合理性。

（2）定岗位职责。这里的岗位职责指的是实验室系统中从事管理和检验工作的人员岗位职责，也就是具体工作岗位要执行的工作任务。注意根据工作的性质，采取定岗不定人，使之与流动编制相适应。定岗位职责是实行岗位责任制的基础，是人力资源管理科学化的重要措施，是检查和考核岗位人员工作质量、工作效率的主要依据。

（3）定结构比例。在定编和定岗位职责的基础上，确定高级、中级和初级技术职务（技术等级）人员的合理结构比例，明确岗位分类职责，根据职务（技能等级）余缺情况，进行人员流动和考核晋级工作。

2. 岗位培训

为了提高履行实验室系统岗位职责的实际能力，应围绕分析检验的技术要求和管理业务，组织相应的培训，以提高实验室系统人员的整体素质。岗位培训中，应根据实验室系统的现状、发展及对人员素质的要求，提出培训计划和实施意见；制订岗位培训的有关政策、规章、制度以及主要岗位的规范化指导性意见；分级建立岗位培训考核机构，对培训人员进行考核；对培训的考核结果，应记入个人技术档案，作为聘任和晋级

的依据。

3. 考核晋级

（1）考核内容。按工作的性质和技术职务（技能等级）的特点，以岗位职责为依据，对实验室检验系统各类人员的思想素质、工作态度、业务能力、工作业绩等方面进行考核。

（2）考核标准。制订规范性的考核指标，对履行岗位职责、完成工作的数量与质量以及取得的业绩进行统一评价。

（3）考核方法。组织考核与群众评议相结合，定性总结评比与定量（完成工作量）相结合。一般每年进行一次，先由个人总结，填写考核登记表，然后由实验室主任组织本室人员进行评议，写出考核评语，报上一级考评组织，经审查后存入档案备查。

4. 职务（技能等级）评聘

职务（技能等级）评聘是指职务（技能等级）资格评定和职务（技能等级）聘用。

（1）职务（技能等级）资格评定。职务（技能等级）资格的评定分为工程技术系列和职业（岗位）技能系列。

工程技术系列职务资格评定由本人申请，实验室主任组织有关人员评议，决定是否向上一级组织推荐，最终由专门的评定机构进行评定。

职业（岗位）技能系列技能等级的评定，则是由劳动部门设置的职业技能鉴定中心（站）进行培训、鉴定和颁证。

（2）职务（技能等级）聘用。根据设置的工作岗位、岗位职责和工作目标及任务，决定聘用高级、中级和初级职务（技能等级）的人员。

考虑到在实验室系统的人力资源中，主要是一线的分析检验人员，因此，职务（技能等级）评聘，应以评聘职业（岗位）技能系列为主，根据实际岗位需要评聘一部分工程技术系列职务。

小贴士

在做好实验室人员组织管理的同时，应着重加强质检人员的思想政治教育，树立底线意识、服务意识。定期组织关于廉洁奉公方面的专题讲座，从思想源头上指导质检环节的管理，通过规范采样程序、双人双签日志、留痕备查等方式堵住漏洞。

积极讨论：

1. 讨论除了身体条件外，实验室检验人员还需要具备哪些基本条件。

2. 探讨实验室人力资源系统合理配置老、中、青年比例的原因。

读书笔记

任务准备

通过对该企业质量手册的解读，将实验室人员的基本条件、岗位任职条件计入表中。

人员基本条件对照表

人员名称	职业素养	学历	培训情况	健康状况
实验室人员	勤奋学习 努力钻研 办事公正 实事求是	本科以上学历	受过分析检验技能培训，取得资格证书	身体健康，无色盲、色弱、高度近视

岗位任职条件对照表

岗位名称	任职资格和条件
法定代表人	高级职称，掌握有关法律法规，善于检验流程管理
技术负责人	高级职称，熟悉检验业务和技术管理，具备解决技术问题的能力
质量负责人	中级以上职称，熟悉质量检验方面的知识，有处理质量问题的能力
科室负责人	中级以上职称，精通科室管理与专业知识
检验人员	具备专业基础知识，考核后具备上岗资格
内审员	熟悉标准和质量体系文件，能独立拟定审核活动，经培训达到合格
质量监督员	熟悉检验工作的方法和程序，能评审检验结果

任务实施

1. 理论任务作答

2. 技能任务

任务类别	任务内容	要点提示
人力资源配置	说出专业结构配置的原则和要求	1. 应包含多个专业学科的人员 2. 按承担任务，构成合理的专业学科比例
	说出技术职务结构配置的原则和要求	1. 应配置高、中、初级职称的专业技术人员 2. 比例不断调整，构成动态平衡
	说出年龄结构配置的原则和要求	1. 老、中、青年比例适中 2. 一线人员尽量安排青年人，管理人员年龄可稍大
建设人力资源管理机制	说出各岗位的岗位职责	采取定岗不定人，使之与流动编制相适应
	说出人员岗位培训的一般要求和安排	1. 根据现状和发展，提出培训计划和实施意见 2. 制订主要岗位的规范化指导性意见 3. 分级建立岗位培训考核机构
	说出开展业务考核的目标和具体指标	1. 制订规范性考核指标 2. 组织考核和群众评议相结合 3. 定性总结和定量相结合
	说出进行职称评聘的办法和注意事项	1. 工程技术系列和职业技能系列 2. 一线分析检测人员应以评聘职业技能系列为主

任务评价

1. 理论任务评价

评价类别	评价要求	教师评价
理论任务	人力资源配置注意要点书写正确，在规定时间内完成。字迹端正、清楚。满分100分，60分为合格	

2. 技能任务评价（满分100分，60分为合格）

评价类别	项目	要求	人员自评	教师评价
人力资源配置（50%）	专业结构配置（20%）	专业结构及比例配置合理（20%）		
	技术职务结构配置（20%）	技术职务结构及比例配置合理（20%）		
	年龄结构配置（10%）	年龄结构及比例配置合理（10%）		
建设人力资源管理机制（50%）	设定岗位职责（12.5%）	岗位职责设定准确（12.5%）		
	安排岗位培训（12.5%）	岗位培训安排合理（12.5%）		
	开展业务考核（12.5%）	业务任务内容准确（12.5%）		
	进行职称评聘（12.5%）	职称评聘办法合理（12.5%）		

对照任务实施中技能任务要求梳理在人力资源配置和建设人力资源管理机制中容易出现哪些遗漏和不合理之处，并分析这些遗漏和不合理之处对实验室日常工作的影响。

反思项目	梳理分析
遗漏和不合理之处	
遗漏和不合理之处对实验室日常工作的影响	

任务拓展

针对实验室人员管理理论知识和实操技能，课外应加强以下方面的学习和训练。

序号	拓展项目
1	延伸学习实验室各级负责人、各类工作人员、不同层次的技术人员岗位职责
2	探讨实验室的种类和规模对实验室人力资源管理有哪些影响

任务巩固

1. 举例说明实验室人员应具备哪些职业道德和职业素养？

2. 实验室人员主要由哪四种类型人员组成？

项目自测

一、填空题

1．实验室应具有独立开展业务的__________，不受任何__________干预，在组织机构、管理制度等方面__________独立。

2．认可的实验室应__________能满足检验项目的仪器设备，以及具有能满足__________需要的场所设施和环境条件。

3．实验室人员配置需要考虑的3个方面内容是__________、__________和__________。

二、判断题

1．企业的实验室作为企业产品的质检机构，具有法律地位。（　　）

2．实验室人员配置要依据企业的组织目标要求进行合理配置。（　　）

3．质检机构在检验工作中不受任何行政干预。（　　）

三、单项选择题

1．（　　）岗位职责为负责质量体系及其有效运行，组织质量手册、程序文件、质量记录表式的编写和修改，审定质量记录表式，保证质量体系文件的现行有效。

A．质量管理室主任　　B．技术负责人

C．质量负责人　　D．办公室主任

2．（　　）的职责包括：负责样品的接受与回退，按照样品的检测要求对样品进行管理；监督样品的处置和传递；有权制止违反样品管理程序的偏离行为，并责成当事人纠正；负责样品的唯一性标识；负责样品的保留或清理。

A．质量管理室主任　　B．技术负责人

C．质量负责人　　D．样品管理员

四、简答题

1．检验人员的主要职责有哪些？

2．实验室应具有哪些权力？举例说明。

项目四

实验室仪器设备管理

背景导入

实验仪器设备是创造实验室价值的最活跃组成部分。科研实验室的实验质量优劣、研发水平高低，几乎都与仪器设备有着密切的关系；教学实验室的基础教学活动顺利开展、培养学生实验操作技能都基于仪器设备这个物质基础。先进的实验仪器设备管理水平，对科学研究、培养人才等都会有较好效益和效果。

情景案例

甲单位实验室管理者小J是入职多年的老员工，某日接到单位的检测任务，需要使用102G型气相色谱仪。小J查询到单位一共有两台102G型气相色谱仪，第一台处于停用的状态，机箱上已经贴上红色“停用”标识，第二台刚从停用状态转为启用状态，仪器处于检定有效期内，但尚未对其技术性能的稳定性实施期间核查。小J在未通知仪器管理员的情况下擅自使用第二台气相色谱仪对样本进行了检测并出具检测报告，客户对检测数据提出质疑，单位声誉受到了损失。

一、试着分析一下小J在仪器设备使用管理中哪里做得不符合规范？正确做法是什么？

____

____

二、该案例对你的启示：

____

____

任务4-1 仪器设备日常管理

任务背景

仪器设备作为科研信息的源头，是人类获取有关自然界知识，认识世界的重要工具。自人类开始使用仪器设备，就伴随着管理工作，仪器设备的日常管理是实验室管理的重要一环。我国的仪器设备管理从无到有，部分国内企业和行业逐步探索赶上国际先进水平，涌现出一批管理新思想、新方法，已形成有中国特色的仪器设备管理体系和管理模式。

小C是实验室仪器设备专职管理人员，其试用期于近日结束，单位拟于试用期结束后对小C进行业务考核，考核内容是原子吸收分光光度计的日常管理流程和具体管理内容，小C能通过考核吗?

任务目标

知识目标	了解实验室仪器设备日常管理的流程
能力目标	能准确说出实验室仪器设备管理的具体内容、注意事项
素养目标	具备认真负责、务实严谨的工作态度

工作任务

分别通过理论简答和技能操作两种方式完成原子吸收分光光度计的日常管理。

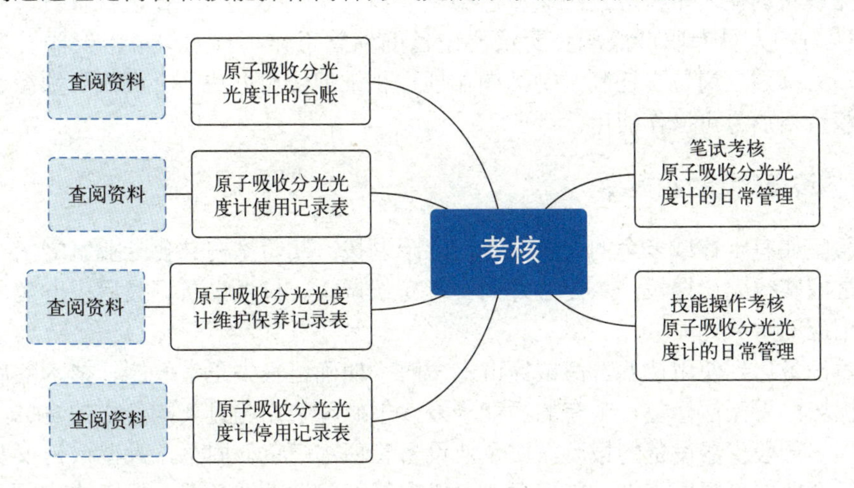

任务描述

项目	任务描述
理论任务	理论简答原子吸收分光光度计的日常管理流程和具体管理内容
技能任务	根据原子吸收分光光度计的日常管理规则，准确判断仪器当前状态所属管理阶段，并正确填写仪器设备一览表（台账）、使用记录、维护保养记录、停用记录表

任务资讯

实验室仪器设备日常管理

（一）仪器设备的账卡建立和定期检查核对

凡是列入固定资产的仪器设备，按国家和企业有关规定进行分类、编号、登记、入账和建卡，卡片一式三份，其中企业设备管理部门一份，实验室一份，还有一份随仪器设备存在下级实验室。

企业财务部门建立固定资产分类总账，企业设备管理部门建立仪器设备进出的流水账、分类明细账和分户明细账。企业财务部门与企业设备管理部门定期核对，至少半年一次，应做到账账相符；企业设备管理部门与实验室、下级实验室或专业室也应定期核对，至少每年一次，应做到账、物、卡均相符。

实验室应对属于固定资产的仪器设备进行计算机管理，以便于更好地进行检索、核对、报废和赔偿等管理工作。

（二）仪器设备的保管和使用

仪器设备的使用单位应选派职业道德素质高、责任心强、工作认真负责，并具有较强业务能力的人员专职或兼职负责仪器设备的保管工作。对大型精密仪器设备的管理和使用，必须建立岗位责任制，制订操作规程和维护使用办法，上机人员须经过技术培训，考核合格后方可操作使用。

（三）仪器设备的调拨和报废

实验室如有闲置或多余的仪器设备，应予调拨。实验室内部各专业室之间、企业内各部门之间实行无偿调拨；企业之外则实行有偿调拨。仪器设备调拨后应办理固定资产转移和相应的财务处理。

仪器设备达到使用技术寿命或经济寿命时，如确已丧失正常效能、技术落后、能耗较大、损坏严重无法修复，或有的虽能修复，但修理费用超过新购价格的50%，都应作报废处理。一般仪器设备的报废，由企业设备管理部门审核同意，大型精密仪器设备报废还须经企业主管领导审批，并报企业上级主管部门批准或备案。报废的仪器设备可以降级使用、拆零部件使用时，应交企业设备管理部门统一管理，同时应做好变更固定资产价值或销账撤卡工作。

（四）仪器设备损坏、丢失的赔偿处理

仪器设备发生事故造成损坏或丢失时，应组织有关人员查明情况和原因，分清责任，做出相应的处理。

明确赔偿界限。因违反操作规程等主观因素造成的损坏均应赔偿，由于自然损耗等客观原因造成的损失可不赔偿。

确定赔偿的计价原则。损坏或丢失的仪器设备要严格计价赔偿，损坏的仪器设备应按新旧程度合理折旧并扣除残值计算；损坏或丢失零配件的，只计算零配件价格；局部损坏可修复的，只计算修理费。

在处理此类事件中应贯彻教育为主、赔偿为辅的原则。因责任事故造成仪器设备损失的，应责令相关人员认真检查，并按损失价值大小、造成事故的原因和态度给予适当的批评教育和经济赔偿。损失重大、后果严重、态度恶劣的，除责令赔偿外，还应给予行政处分甚至追究刑事责任。

（五）仪器设备的技术管理

1. 仪器设备的维护保养和修理

在仪器设备的管理中，对仪器设备实施必需和合理的维护保养是实现仪器设备正常运行最有效的途径。

为了做好仪器设备的维护保养工作，应根据仪器设备各自的特点制订维护保养细则，严格做到维护保养工作经常化、制度化，并将此工作纳入责任制管理范畴，确保仪器设备整洁、安全运行、性能稳定达标。

仪器设备的修理也是仪器设备的管理中不可缺少的工作，仪器设备的修理可分为事后修理和事前检修。当某一仪器设备出现故障而不能运行时，维修人员应对其故障原因进行检查、修理或更换受损的零部件，或进行必要的调试等，使该仪器设备恢复到正常运行状态，由于是出现故障后进行的修理，所以称为事后修理。事后修理因始料不及，可能使修理时间较长，对分析检验工作和生产都会带来影响，因此须及时进行。此外，应创造条件建立实验室仪器设备维修站（点），培养仪器设备修理人员以承担实验室整个检验系统仪器设备的修理任务。实验室维修站（点）无法维修的仪器设备，应送相关厂商设置的产品维修网点进行维修。

小贴士

仪器设备管理的“三防四定”制度：“三防”即防尘、防潮、防震，“四定”即定人保管、定点存放、定期维护和定期检修。

2. 仪器设备性能的技术鉴定和校验

仪器设备性能的定期技术鉴定和校验，是合理地使用仪器设备、保证分析检验结果准确性和可靠性所必备的工作并应指定专人负责管理。在仪器设备的使用过程中，如发

现异常的现象，应立即停止使用，及时对其性能进行技术鉴定和校验，以此确定该仪器设备是保级使用、降级使用或者是淘汰。与分析测试有关的计量仪器，在实际使用过程中，必须按规定期限进行计量检定，以确保其计量值传递的可靠性。对突然出现计量性能变化较大（测试结果可疑）的计量仪器，应停止使用，及时送专业检定机构进行计量检定。

（六）大型精密仪器设备管理

实验室常用的分析检验大型精密仪器设备主要有红外分光光度计、紫外分光光度计、原子吸收分光光度计、气相色谱仪、液相色谱仪、质谱仪、核磁共振波谱仪等。随着科学技术的飞速发展，大型精密仪器设备也正沿着综合化、复合型、多功能、灵敏度提高、精密度和准确度提高、性价比提高、对使用环境要求降低的趋势发展。

大型精密仪器设备的管理主要分为计划管理、技术管理、经济管理和使用管理考核四个方面。计划管理主要包括大型精密仪器设备购置计划的制订、论证、审批和实施；技术管理主要包括大型精密仪器设备的安装、调试、验收和索赔，建立操作规程，应用状态监测和故障诊断技术实施针对性维护保养，开发新功能和改造老技术，建立技术档案等；经济管理主要包括大型精密仪器设备的机时定额管理、服务收费管理、利用率考核等；使用管理考核是指通过建立考核内容与评估指标体系以及考核工作的实施，使仪器设备管理部门对大型精密仪器设备的使用管理状况有全面确切的了解，也使大型精密仪器设备的使用人员了解各自的工作成绩与不足，以进一步提高大型精密仪器设备的使用管理水平。

（七）常用玻璃仪器管理

1. 一般玻璃仪器的管理

（1）建立玻璃仪器的管理制度。包括采购、验收、入库、领用及破损登记等制度。

（2）分类存放。玻璃仪器入库应根据其基本性质和使用特点进行分类存放。

（3）避免撞击、敲打和重压。玻璃仪器属于“容易破碎”物品，须轻拿轻放，避免碰撞、受压和其他暴力行为。

（4）避免直接加热。除“烧器”类玻璃制品可以直接加热（一般也应加石棉网垫）以外，其余玻璃制品只能使用水浴或油浴加热，且受热部位不能有气泡、压痕或者器壁厚薄不均匀现象。

当实验必须对玻璃仪器进行加热的时候（包括使用“烘箱”加热烘干仪器），应从低温（一般是室温）开始，缓慢升高温度，避免急冷急热。精密量器类玻璃仪器不能加热和烘干。不可将热的液体倒进厚壁的玻璃仪器（或容器）内。

（5）不要使用硬物在玻璃仪器上划痕，以免破坏玻璃结构。使用玻璃棒时不要磨、刮仪器器壁。

（6）不得用玻璃仪器进行有氢氟酸的实验，不得用玻璃仪器长时间存放强碱性物质，尤其是浓碱。

（7）玻璃仪器在使用前，须进行清洗，不用的仪器应使其晾干，并不得有残存物，用纸小心包裹好存放。使用具有强侵蚀性的酸性或碱性洗液时，须彻底清洗干净，避免残留。

（8）成套的玻璃仪器应成套储存，玻璃器件之间应用软纸包裹分隔，并编号存放。

（9）凡有磨砂接头的玻璃仪器，在存放时应在磨砂处加一纸垫片，防止咬合黏结。

（10）重要的玻璃仪器，应进行编号，以便于管理。

2. 精密计量玻璃仪器的管理

（1）精密计量玻璃仪器属于精确计量器具，必须严格遵守计量管理规程和使用规范。

（2）定量分析使用的精密计量玻璃仪器，必须使用获得国家认证的仪器厂家生产的、符合JJG 196—2006《常用玻璃量器检定规程》规定的技术要求的、并带有CMC标志的产品。

（3）精密计量玻璃仪器在使用前须认真清洗干净，确保不存在影响容量计量和干扰实验的杂物。

（4）精密计量玻璃仪器在使用前须认真按照GB/T 12810—2021《实验室玻璃仪器 玻璃量器的容量校准和使用方法》进行计量校正，并定期进行校验，以保证其计量值的可靠性。经过校正的精密计量玻璃仪器，应予以编号，以便识别。

（5）精密计量玻璃仪器在使用中，除了要满足一般玻璃仪器的使用要求外，还禁止储存浓酸、浓碱和使用烘干法进行干燥（确有必要烘干者，应重新进行校正）。

（6）精密计量玻璃仪器的一般管理，参照一般玻璃仪器的管理相关条款。

（八）计算机自动化设备管理

1. 自动化设备硬件的维护

自动化设备硬件的维护主要包括对硬件设备进行检测、查找硬件故障以及更换已损坏的部件、清洗机械部件、根据工作需要更新一些不适应需要的硬件设备等。排除硬件故障的关键是查找故障原因，只要找出故障所在，排除故障就有了依据。查找自动化设备硬件故障可通过日常简单查找等方式进行，因此自动化设备系统的使用人员应掌握一些日常简单查找方法。日常简单查找的具体方法包括震动法、交换法和诊断程序法等。

（1）震动法。震动法是指通过机械振动查找可能产生故障的零部件。震动法经常用于查找自动化设备运行时好时坏的故障。这种故障产生的原因大多是接触不良或焊接不牢。震动法的实施分为开机检查和关机检查。所谓开机检查是指断掉电源后，拔下有怀疑的插件，逐个检查接头是否牢固，重新插牢，再开机检查故障是否消除。

（2）交换法。交换法是指用无故障的零部件替换有怀疑的零部件，从而发现故障所在的一种检查方法。根据交换对象的不同，具体操作各异。如果实验室内还有正常运行的同型号自动化设备的相同零部件，可以交换，观察故障是否清除。如果没有，就准备一些常用的备件，在发生故障时替换检查。

（3）诊断程序法。诊断程序是一种自动化设备软件，功能是诊断自动化设备各部件能否正常工作。有的诊断程序既可用于对硬件故障的检测，又可用于对程序错误的定位。目前基本上所有的自动化设备都自带诊断调试程序，必要时可调用检查。

2. 自动化设备软件的维护

设备软件的维护任务通常包括矫正性维护、适应性维护。

（1）矫正性维护。矫正性维护是指改进软件在开发设计阶段未能发现的错误。在任何软件的开发设计过程中，无论采取多么严密的措施，都不可能保证程序绝对没有错误。有些错误是由于开发设计时考虑不周，有些是由于设计失误而未检查出来。经常发生的错误包括功能缺陷、性能缺陷以及程序设计错误等。发生上述错误，应及时进行矫正性维护，以提高软件的可靠性。矫正性维护大多集中在软件运行的初期。

（2）适应性维护。适应性维护是指由于软件应用条件发生变化，需要对软件进行相应的修改工作。由于设备软件是在特定环境中为特定目的运行，设备软件的适应性维护可进一步分为适应运行环境的维护和适应运行目的的维护。

小贴士

传统的自动化设备维修是事后维修和预防性维修相结合，缺点是设备不坏不修，坏了才修，易产生维修不足或维修过度的弊端，不适合自动化设备的维修，宜采用预知性维修和机会维修的方式。

积极讨论：

1. 讨论玻璃仪器有哪些特点。

2. 探讨仪器设备在哪些情况下应该报废处理。

读书笔记

任务准备

分别设计原子吸收分光光度计的台账、使用记录表、维护保养记录表、停用记录表。

原子吸收分光光度计台账

序号	仪器设备名称	编号	测量范围	准确度/不准确度	出厂编号	制造厂家	购置日期	启用日期	使用部门	保管人

原子吸收分光光度计使用记录表

设备名称			制造厂家			出厂编号		
规格型号			设备编号			启用日期		
使用日期	开机时间	关机时间	样品编号	检测项目	使用前情况	使用后情况	使用人	备注

原子吸收分光光度计维护保养记录表

序号	仪器设备名称	设备编号	使用部门	维护日期				维护内容	备注
				第一次	第二次	第三次	第四次		

原子吸收分光光度计停用记录表

设备名称		设备编号		规格型号	
存放地点				保管人	
停用记录					
申请停用原因					
申请停用的时间					
停用时功能及状况检测情况记录					
停用申请部门		设备管理员签字		部门负责人批准签字	

任务实施

1. 理论任务作答

2. 技能任务

任务类别	任务内容	要点提示
仪器设备台账填写	核对仪器型号、配置及数量等，填写仪器设备一览表	应包括抽样工具、样品制备和数据处理需用的辅助设备和相关软件
仪器设备使用	核对仪器设备使用前后的检查、交接、清洁和安全使用情况，填写仪器设备使用记录表	仪器设备使用记录表应放置在仪器设备附近，现场检测使用的仪器设备，其使用记录应跟随仪器设备，便于及时填写
仪器设备维护	核对仪器设备的维护周期，根据设备状态进行相应内容的维护，填写仪器设备维护保养记录表	1. 电子类仪器设备维护主要有除尘、除湿、定期通电等 2. 维护内容应包括维护时发现的异常情况、处理措施、维护执行人等
仪器设备停用	核对仪器设备的停用原因，按照规定流程进行申报和审批，批准停用的仪器设备，贴上红色“停用”标识，存放在合适的位置	仪器停用的原因有多种：无检测业务、仪器设备经检定不合格、仪器设备损坏待修或待报废，仪器设备超过检定有效期暂不能使用，仪器设备状态可疑

任务评价

1. 理论任务评价

评价类别	评价要求	教师评价
理论任务	原子吸收分光光度计的日常管理流程和具体管理内容填写正确规范，在规定时间内完成。字迹端正、清楚。满分 100 分，60 分为合格	

2. 技能任务评价（满分 100 分，60 分为合格）

评价类别	项目	要求	人员自评	教师评价
仪器设备台账填写（25%）	核对仪器设备信息，填写仪器设备一览表（25%）	操作步骤有无遗漏（10%）		
		填写是否正确（15%）		
仪器设备使用（25%）	核对仪器设备使用情况，填写仪器设备使用记录表（25%）	操作步骤有无遗漏（10%）		
		填写是否正确（15%）		
仪器设备维护（25%）	根据仪器设备维护周期进行相应内容的维护，填写仪器设备维护保养记录表（25%）	操作步骤有无遗漏（10%）		
		填写是否正确（15%）		
仪器设备停用（25%）	按照规定流程进行申报和审批仪器设备停用，贴上相应标识，存放在合适的位置（25%）	操作步骤有无遗漏（10%）		
		填写是否正确（15%）		

任务反思

对照任务实施中技能任务要求梳理在原子吸收分光光度计日常管理过程中可能遗漏哪些重要步骤，各阶段记录表填写可能出现哪些不规范的地方，并分析其对实验室日常工作的影响。

反思项目	梳理分析
可能出现的遗漏	
表单填写不规范	
对日常工作的影响	

任务拓展

针对实验室仪器设备日常管理理论知识和实操技能，课外应加强以下方面的学习和训练。

序号	拓展项目
1	每一台仪器设备应有明显的标识表明其状态。延伸学习合格、准用两种状态分别用什么颜色标识
2	延伸学习实验室机械类仪器设备维护保养的主要内容

任务巩固

1．实验室仪器设备台账通常包括哪些基本信息？

2．仪器设备发生损坏，修理费用超过新购价格多少，都应作报废处理？

任务4-2 仪器设备采购管理

任务背景

实验室分析检验工作经常会使用气相色谱分离和检测具有挥发性、沸点较低、热稳定性的物质。在气相色谱仪发展的前几十年里，技术掌握在珀金埃尔默、安捷伦、赛默飞和岛津等国外少数公司手中，我国高端气相色谱仪产业长期受制于人。近年来，随着科研及重点项目支持、税收优惠等多重组合政策的促进，我国气相色谱行业迎来快速发展，北分、上分、浙江福立和天美等国产品牌在气相色谱仪方面取得了不俗的成绩，总体来看，在进样口技术、检测器、色谱柱、温控系统方面已达世界先进水平。

小B是实验室工作人员，平时工作踏实、勤奋好学，深受主任器重。本月实验室通过招标方式采购了一台气相色谱仪，主任安排小B对接供货商进行设备验收工作，验收工作要综合考虑常规验收、技术验收和其他方方面面的注意事项，小B怎样才能做好这项工作？

任务目标

知识目标	了解实验室设备采购流程和内容
能力目标	能准确填写实验室仪器设备验收记录表
素养目标	具备社会责任感、法律意识，规范自身行为

工作任务

分别通过理论简答和技能操作两种方式完成气相色谱仪的验收。

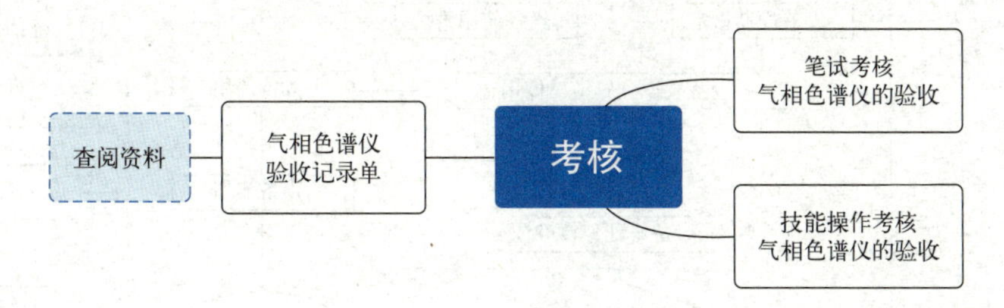

任务描述

项目	任务描述
理论任务	正确填写气相色谱仪验收记录表
技能任务	按照验收前准备、内外包装检查、开箱检查、数量验收、质量验收、色谱仪安装调试、性能评价等验收流程，协助供货商对气相色谱仪进行验收，并准确填写仪器设备验收记录表，办理移交相关手续，对相关材料进行归档保存

任务资讯

一、实验室仪器设备管理流程

实验室仪器设备管理，即利用科学有效的管理理念、方法、措施、程序，做好实验室仪器设备的计划、选型、采购及日常使用和维护工作。实验室仪器设备管理一般要经历五个主要阶段：计划选购阶段、开箱验收阶段、安装调试阶段、管理阶段及维护阶段。实验室仪器设备管理主要目的是使仪器设备在整个使用寿命周期内处于受控状态，以保证仪器设备配备合理，量值准确可靠，为取得科学、准确、可靠的检测数据提供保障。实验室仪器设备管理流程如图4-1所示。

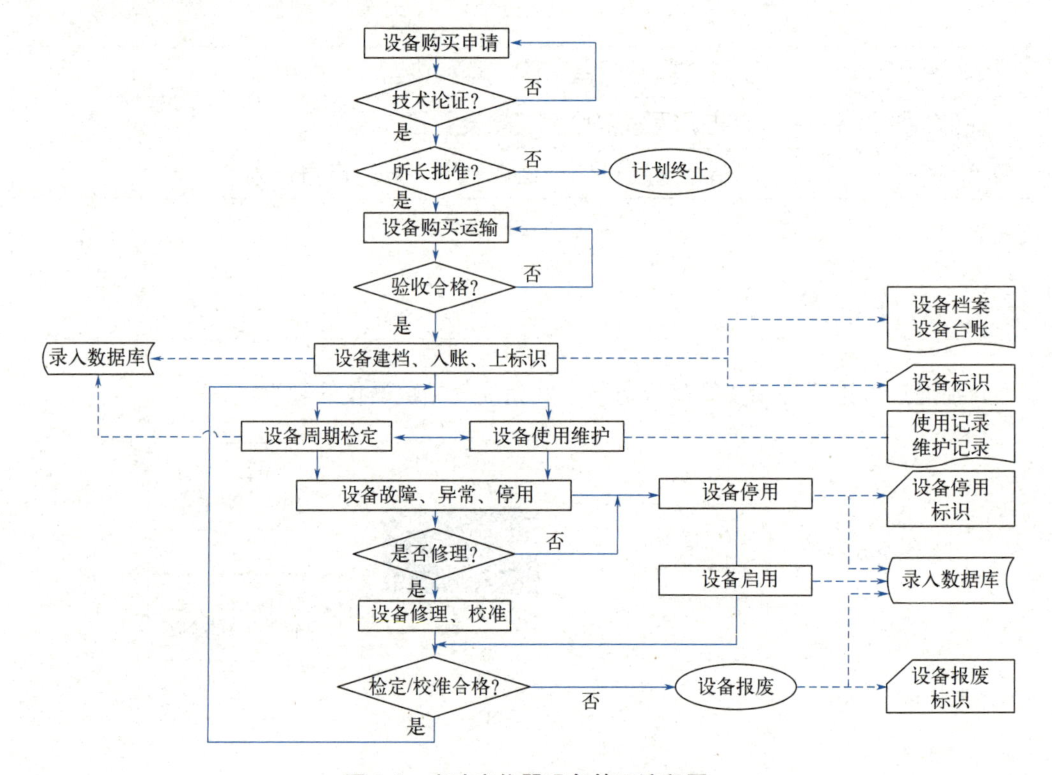

图4-1 实验室仪器设备管理流程图

小贴士

仪器设备的管理部门应对设备进行建档，档案材料包括仪器设备购置申请表、技术调研论证报告、招投标文件、订货合同、验收记录、装箱单、仪器说明书、操作手册、线路图、合格证、供应商资质等相关资料文件。

二、实验室仪器设备采购管理

采购管理包括实验设备的配置、选型和论证，采购计划的制订和审批，采购计划的实施，安装，调试，验收等，如图4-2所示。

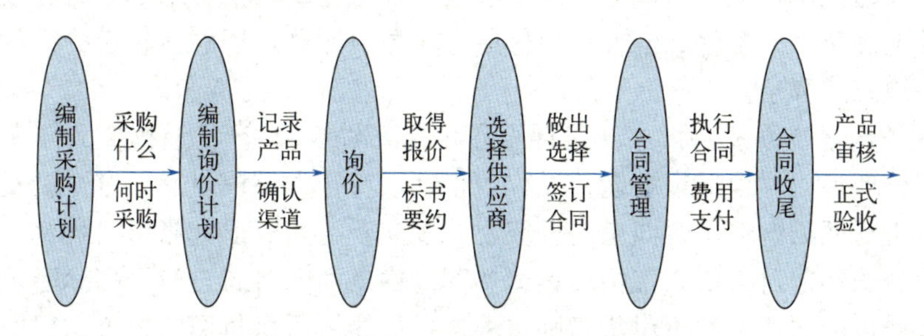

图4-2　实验室仪器设备采购流程图

1. 仪器设备的配置

仪器设备的配置是指实验室根据已有或拟开展的检测项目和参数，以及检测业务发展、检测新技术和新方法研究、安全等方面的需要，对仪器设备的类型、准确度/不确定度、量程、数量、安装环境等进行合理配置。

实验室对仪器设备的配置首先建立在已有或拟开展的检测项目和参数的需要上；对扩展检测项目和参数的设备配置计划一般还应考虑到所扩展的检测项目和参数的资金投入、市场前景；在仪器设备的选型上，还需要考虑到分区布置和该检测项目所要求的环境条件；对有三废排放的仪器设备，还应考虑到环境保护问题。

现场检测设备的配置应满足所开展检测项目和参数的要求，设备的型号规格、技术指标应满足技术标准要求，设备台套数量的配置满足工期的要求，设备安装应符合技术标准或设备使用说明书的要求。

2. 选型和论证

仪器设备选型应考虑的问题一般包括：仪器设备的技术性能（测量范围、准确度/不确定度）要能稳定地满足检测工作的需要；仪器设备的工作效率能满足检测工作量的需求；仪器设备的可靠性、适应性、标准化程度，仪器设备的相互关联性和成套性；对操作技术的要求；仪器设备投资的技术经济效益；制造厂的产品质量、交货期、价格；劳动保护、技术安全与环保的要求；仪器设备制造厂家的信用和售后服务等。在采购计量仪器和量具时，相关厂商须提供“制造计量器具许可证”。

充分做好购置前的市场调研工作，广泛收集有关仪器设备产品资料，了解产品的性能和技术参数，与同类产品相比的优势与不足、产品前景与参考报价、仪器设备配套等情况，做好产品的质量论证，坚持技术上的先进性、经济上的合理性、教学科研上的实用性；正确处理先进与实用的关系，在选型时不盲目追求新式高档、自动、数显等多功能、高性能的仪器设备，而是根据部门的财力与实际需要，选择既经济又适应工作要求的仪器设备。

仪器设备在采购管理过程中要健全管理体制，规范运作流程，集思广益、共同决策、减少失误，保证仪器设备从计划、论证到采购和验收入库按规范流程运作。

3. 采购计划的制订与实施

仪器设备购置合同在签订时，须以往来函电的洽商结果为依据；内容须明确表达供需双方的意见，书写清楚、文字准确、无漏洞；签订合同须手续完备，符合国家法律法规和相关政策；合同须考虑可能发生的各种变动因素，并列入防止和解决的方法；凡属计量器具的仪器设备，应在合同中明确由法定机构检定或校准合格，方可验收；合同中对仪器设备的交货期、配件、辅件、保修期等应予以明确，同时有相应的售后服务以及合同争议解决方式等条款。

仪器设备购置合同及协议书（包括附件和补充材料）、订货过程中的往来函电和凭证都应妥善管理，以便仪器设备购置过程中查询，并作为解决供需双方可能发生矛盾的依据。为便于管理和查询，合同应进行登记，设立专门的登记台账和档案。

仪器设备的购置可考虑采取招标和选择评价供货商的方式进行。招标应按照国家相应法律、法规进行。选择评价供货商则可根据各仪器设备供货商的报价、售后服务、供货业绩等多方面予以考虑后确定。具体的购置方式可按采购的仪器设备的价值大小、主管部门的要求等因素进行选择。

小贴士

招标采购，即由招标单位通过报刊、广播、电视等媒体工具发布招标广告，公开货物采购的条件和要求，凡对该招标项目感兴趣又符合投标条件的法人，都可以在规定的时间内向招标单位提交意向书，由招标单位进行资格审查，核准后购买招标文件，进行投标。

4. 实验仪器设备的验收管理

实验仪器设备的验收管理是实验仪器设备管理的重要环节，是保证实验仪器设备质量的关键，是保证实验仪器设备投入正常使用的基础。常用实验仪器设备的验收，可由物资设备部门的验收人员、采购人员及使用单位的有关人员承担。实验仪器设备的验收一般分为常规验收和技术验收。

常规验收是指对实验仪器设备的自然情况按订货要求进行检验。主要目的是检验实验仪器设备是否按计划要求购入及对实验仪器设备的包装、外表完好程度进行检验，核对零配件、备件及说明书等技术资料是否齐全。

技术验收是指对实验仪器设备的技术指标按订货要求进行检验。主要目的是保证实验仪器设备有一个良好的技术状态。技术验收的主要内容是按照说明书的要求安装调试实验仪器设备，检验实验仪器设备的各项技术指标是否达到规定要求。

验收管理应注意以下事项。

（1）到货与接收

① 仪器设备验收前准备。

② 内外包装检查。检查包装是否完好，有无破损、变形、碰撞创伤、雨水浸湿等损坏情况，包装箱上标志、名称、型号是否与采购的品牌相同。

③ 开箱检查。仪器设备由供货方运至实验室的相关场地后，应该进行开箱检查。开箱检查一般由技术负责人组织设备管理部门、使用部门共同进行，并有供货方人员在场。

（2）验收与初检

① 数量验收。

② 质量验收。

（3）仪器设备安装调试。仪器设备的调试可分为空运转试验、负荷试验和示值准确度检查。仪器设备在安装完毕后，首先应进行空运转试验，特别是机械类的仪器设备，如压力机、万能材料试验机、切割机等，主要考核仪器设备的稳固性，以及液压、操作、控制、润滑等系统是否正常和灵敏可靠。在空运转试验无误的情况下，方可进行试压、试拉、试切割等负荷试验，检查在负荷试验情况下仪器设备是否能正常工作。凡属计量器具的示值准确度应以检定或校准合格为准。

（4）性能评价。根据仪器设备进行开箱检查、安装调试后的结果，对整个仪器设备的技术性能是否符合规定要求及是否接收得出结论。

仪器设备在性能评价合格之后还须办理移交相关手续，收集说明书、技术手册等资料并纳入设备档案，归档保存。同时，按资产管理权限应纳入固定资产进行管理的仪器设备须及时向本单位相关部门办理固定资产手续。

（5）其他注意事项。仪器设备到货后，一台仪器设备包括其各种配件，可能会有多个包装箱，在接收检验时，每个包装箱都要按照检验流程认真验收并拍照保留证据，每个包装箱都要填写仪器设备验收记录表，以备查阅。

5. 仪器设备供应商信息管理

仪器设备供应商信息管理主要是指对仪器设备供应商的基础资料、供货业绩、评价资料进行管理。

一般来说，仪器设备的供应商应提供以下几种类型的基础资料：工商登记证书、税务登记证、制造计量器具许可证、产品的科研项目鉴定结论、企业质量管理体系认证证书、用户意见书等。

以上各类资料，应整编归档，按一个供应商建立一个档案的方式建档。仪器设备供应商档案应包括如下内容：供应商名称、联系方式、地址、供应范围、以往供货业绩的记录和评价及各类基础资料的复印件或原件。

积极讨论：

1. 讨论仪器常规验收和技术验收的区别。

2．探讨仪器设备到货后，开箱检测的主要内容有哪些。

读书笔记

任务准备

根据气相色谱仪的自然状况和技术特征，设计气相色谱仪验收记录单。

气相色谱仪验收记录单

<table>
<tr><th>设备名称</th><th></th><th>招标编号</th><th></th></tr>
<tr><td>使用单位</td><td></td><td>经费来源</td><td></td></tr>
<tr><td>合同厂商</td><td></td><td>合同价格</td><td></td></tr>
<tr><td>设备管理员</td><td></td><td>安全责任人</td><td></td></tr>
<tr><td>非标集成设备：
□是　□否</td><td colspan="2">计量检测设备：
□是　□否</td><td>单一来源：
□是　□否</td></tr>
<tr><td>安全要素</td><td colspan="3">□易燃易爆　□有毒　□高温　□高压
□危险化学品　□强电　□特种操作
□其他</td></tr>
<tr><td>开箱记录及验收意见会签</td><td colspan="3">1．仪器设备和附件外表完好、全新；主机和配件型号、数量符合合同约定
□是　□否：________________
2．其他：________________
验收人员签字（项目组人员至少一人参加）：　20　年　月　日
[三位以上在职人员，50万元（含）以上须包括采购招标小组及档案馆人员]</td></tr>
</table>

续表

设备名称		招标编号	
质量技术验收意见	质量技术指标已经过核查，符合招投标文件、合同规定的要求。验收通过。附技术验收报告（计量检测设备需附第三方检测报告）。 本单位专家会签（不能含有项目组人员）： 外单位专家会签：　　　　20　　年　　月　　日 ［三位以上，100 万元（含）以上或 50 万元（含）以上的单一来源或非标集成项目须有校外单位专家］		
技术安全验收意见	验收通过 其他说明： 参加人员签字（三位以上在职人员）： 20　　年　　月　　日		

任务实施

1. 理论任务作答

____

____

____

____

____

2. 技能任务

任务类别	任务内容	要点提示
到货与接收	1. 熟悉技术资料 2. 内外包装检查 3. 开箱检查	1. 色谱仪属于精密仪器，搬运过程中，要派专人做好监督工作，以防发生意外。 2. 检查包装是否完好，有无外观损坏。 3. 包装箱上标识信息是否与采购品牌相同。 4. 开箱检查由技术人员组织管理部门、使用部门共同进行，厂商人员在场
验收与初检	1. 数量验收 2. 质量验收	1. 以合同和装箱单为依据，检查主机及配件数量。 2. 检查随机资料数量。 3. 对照设备说明书，进行技术参数测试验收，若出现质量问题，书面通知厂商

续表

任务类别	任务内容	要点提示
安装调试	1. 协助厂商进行安装 2. 对各项功能指标进行试验调试 3. 签名确认验收记录表	1. 先进行空运转试验，然后进行负荷试验，最后进行示值准确度检查。 2. 所有参加验收的人员均须在验收单上签字确认
性能评价	根据调试结果，做出是否接收的结论	如实做出结论

任务评价

1. 理论任务评价

评价类别	评价要求	教师评价
理论任务	正确填写气相色谱仪验收记录表，在规定时间内完成。字迹端正、清楚。满分100分，60分为合格	

2. 技能任务评价（满分100分，60分为合格）

评价类别	项目	要求	人员自评	教师评价
到货与接收（25%）	进行仪器验收前准备、内外包装检查、开箱检查操作（25%）	操作步骤有无遗漏（10%）		
		每一步操作是否正确（15%）		
验收与初检（25%）	进行数量验收和质量验收操作（25%）	操作步骤有无遗漏（10%）		
		每一步操作是否正确（15%）		
安装调试（25%）	进行空运转试验，负荷试验、示值准确度检查（25%）	操作步骤有无遗漏（10%）		
		每一步操作是否正确（15%）		
性能评价（25%）	做出结论，移交手续、材料存档（25%）	操作步骤有无遗漏（10%）		
		每一步操作是否正确（15%）		

任务反思

对照任务实施中技能任务要求梳理在气相色谱仪验收过程中可能遗漏哪些重要步骤，验收单填写可能出现哪些不规范的地方，并分析对实验室日常工作的影响。

反思项目	梳理分析
可能出现的遗漏	
表单填写不规范	
对实验室日常工作的影响	

任务拓展

针对实验室仪器设备验收管理理论知识和实操技能，课外应加强以下方面的学习和训练。

序号	拓展项目
1	延伸学习玻璃仪器和计算机自动化设备及软件的验收流程和注意事项
2	仪器设备验收单一式三份，哪些部门应留存一份？验收后如何办理固定资产手续

任务巩固

1．实验室仪器设备管理一般经历哪五个主要阶段？

2．仪器设备的购置一般采取哪两种方式？

项目自测

一、填空题

1．仪器设备的维护保养要坚持实行“三防四定”制度，即认真做到_________、_________、_________和_________、_________、_________、_________。

2．大型精密仪器设备管理的任务是_________、_________、_________三方面的工作。

3．自动化设备管理与维修内容包括___________、___________、___________、___________等方面。

二、单项选择题

1．仪器设备出现故障应立即办理停用手续，张贴标识的颜色为（　　）。

A．绿色　　B．红色　　C．黄色　　D．白色

2．仪器设备的调试可分为空运转试验、（　　）和示值准确度检查。

A．加压实验　　B．载荷试验　　C．负荷试验　　D．强度试验

3．没有磨口部件的玻璃仪器是（　　）。

A．碱式滴定管　　B．碘瓶　　C．酸式滴定管　　D．称量瓶

4．能在烘箱中进行烘干的玻璃仪器是（　　）。

A．滴定管　　B．移液管　　C．称量瓶　　D．常量瓶

5．下列不属于实验设备验收管理的是（　　）。

A．到货与接收　　B．验收与初检

C．仪器设备安装调试　　D．仪器设备的调拨和报废

三、判断题

1．暂时不用的磨口仪器应干燥后在磨口处垫一纸条用皮筋拴好塞子后保存。（　　）

2．高硼硅酸盐硬质玻璃主要用于制作形状复杂或几何尺寸要求高的仪器。（　　）

3．表面皿可直接加热。（　　）

四、简答题

1．实验室仪器设备管理日常工作都包括哪些内容？

2．实验仪器设备的报废应如何管理？

项目五

实验室试剂管理

背景导入

化学试剂是化学试验、化学分析、化学研究中使用的各种纯度等级化合物或单质，不同纯度的试剂能满足人们合成制备、分离纯化等各种工艺要求。目前我国已建立科学、高效的试剂管理体系，并广泛用于国民经济各行各业实验室日常工作，使实验室管理人员能够及时清楚地掌握实验室内部的化学试剂信息，更加高效地进行管理。

情景案例

实验室工作人员小Q接到任务需要配制0.1mol/L和0.01mol/L的NaOH标准溶液待用，小Q按规定程序和操作方法准确配制后，分别把两种标准溶液放入大小不同的两个玻璃容器中，在未贴标签的情况下移交给主任助理，并告诉主任助理大玻璃容器里盛装的是0.1mol/L的NaOH标准溶液，小玻璃容器里盛装的是0.01mol/L的NaOH标准溶液。主任知道这件事后批评了小Q，强调“溶液样品的盛装容器上必须贴标签，标签上应写明溶液名称、法定计量单位浓度、配制日期等”。

一、试着分析一下小Q除了没给试剂容器贴标签之外，还在试剂管理哪个方面做得不对？

____

____

二、该案例对你的启示：

____

____

任务5-1 化学试剂分级管理

任务背景

化学兴，百业兴。近代中国的化学工业在艰难中起跑，民族化学开创者们怀着实业救国抱负排除万难发展化学工业，终于在二十世纪二三十年代成功开发酸碱化工，尽管当时酸碱纯度并不高，杂质也较多，但却在那个特殊时期成功向世界化学工业领域发出“中国声音”。新中国成立后，我们一直坚持自力更生发展原则，全面推动化学工业起步，目前我国已经在高纯度精细化学品领域完全实现自主研发生产，成为名副其实的化学大国。

小B是实验室科研人员，每天都会用到纯度不同的化学试剂，通常都是由主任选好试剂后交给小B。某日主任因公出差两周，小B面临着要亲自上手根据不同科研任务选择不同纯度化学试剂的棘手问题，小B能准确拿到他想用的试剂吗?

任务目标

知识目标	了解化学试剂纯度分级
能力目标	能准确识别不同纯度等级试剂的中文标志、符号、标签颜色、纯度标准和适用范围
素养目标	具备认真负责、坚持原则、实事求是的科学作风和职业态度

工作任务

分别通过理论简答和技能操作两种方式完成化学试剂纯度分级管理。

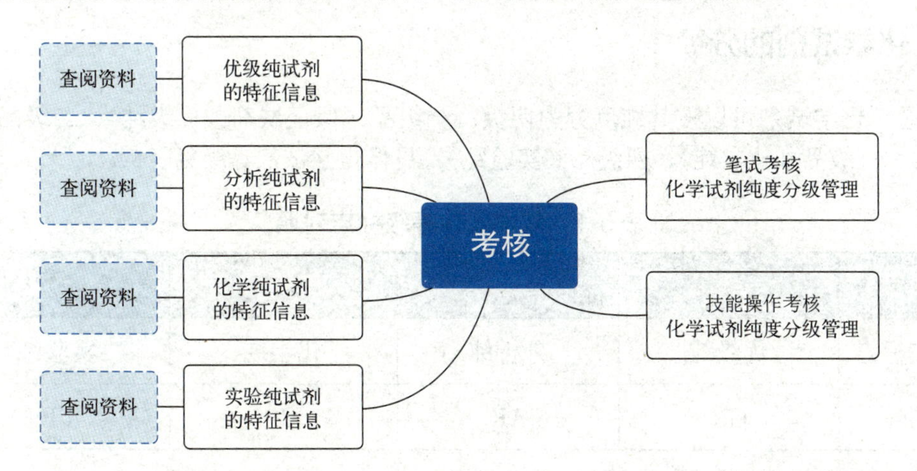

任务描述

项目	任务描述
理论任务	理论作答化学试剂纯度分级所对应的中文名称
技能任务	现分别有精确分析测定、工业分析测定、化学合成制备和杂质含量不做选择的化学实验四项工作任务需要完成，根据不同任务要求，准确选取相应等级的化学试剂

任务资讯

一、化学试剂的概念

化学试剂是进行化学研究、成分分析的相对标准物质，广泛应用于医疗卫生、生命科学、生物技术、环境保护、能源开发、国防军工等科研领域和国民经济发展的各个行业。

化学试剂有四个主要特点：

（1）品种多。据统计，现在世界上生产和储备的化学试剂有4万～5万种，而且每年都有新的品种出现，以便满足科学技术发展提出的新需求。

（2）质量要求严格。由于化学试剂与科学实验密切相关，其质量好坏直接影响科学实验的结果，所以每种化学试剂都有相应的技术指标和质量标准，随着科学技术的发展，对化学试剂的质量要求也在逐渐提高。

（3）应用面广。现有科学领域的各个学科和目前经济发展的各个行业，几乎都需要使用化学试剂。随着学科之间的相互渗透，需要使用化学试剂的领域也会越来越多。

（4）用量少。化学试剂中用量最大的通用试剂如三酸（硫酸、硝酸和盐酸）、二碱（氢氧化钠和碳酸钠）、乙酸等品种每年全国的需求量可达数百吨至千余吨。但绝大多数化学试剂品种次均用量只需若干千克，有的甚至只需几克。

二、化学试剂的分级

通常化学试剂可以按其纯度分为四级：一级品（保证试剂或优级纯）、二级品（分析纯）、三级品（化学纯）、四级品（实验纯）。具体化学试剂等级见表5-1。

表5-1　化学试剂等级标志对照

项目	一级品	二级品	三级品	四级品
中文标志	优级纯	分析纯	化学纯	实验纯
符号	GR	AR	CP	LR

续表

项目	一级品	二级品	三级品	四级品
标签颜色	绿色	红色	蓝色	黄色、棕色等
纯度标准	纯度极高 ≥99.8%	纯度较高 ≥99.7%	纯度较差 ≥99.5%	杂质较多
适用范围	精密分析及科研测定工作	一般分析和科研工作	工业和教学中一般分析及其有关制备工作	教学一般实验，或科研工作的一般辅助试剂

除了以上四个级别外，目前市场上尚有基准试剂（PT）、光谱纯试剂（SP）、高纯试剂（UP）等。基准试剂相当于或高于优级纯试剂，专门作为基准物质使用，可直接配制标准溶液，其主要成分含量为99.95%～100%，杂质总量不超过0.05%。光谱纯试剂表示光谱纯净，但由于有机物在光谱上显示不出来，所以有时候主要成分达不到99.9%以上，作为基准物时，必须进行标定。高纯试剂又称超纯试剂，其主要成分含量在99.99%以上，杂质含量比优级纯低，主要用于微量及痕量分析中试样的分解及试剂的制备。

三、化学试剂的包装

化学试剂在储存、运输和销售过程中会受到温度、光照、空气和水分等外在因素影响，易发生潮解、变色、聚合、氧化、挥发、升华和分解等物理、化学变化，导致失效而无法使用。因此，要采用合理的包装、适当的储存条件，保证化学试剂在储存、运输和销售过程中不会变质。

在实际工作中根据对某种试剂的需要量决定采购化学试剂的量，这就需要首先了解化学试剂包装单位的概念。化学试剂包装单位是指每个包装容器内盛装化学试剂的净重（固体）或体积（液体）。

包装单位的大小由化学试剂的性质、用途和经济价值决定。通常化学试剂纯度越高，包装单位就越小，单位价格越高，使用量通常也越小。

根据化学试剂的性质和使用要求，GB 15346—2012《化学试剂　包装及标志》将化学试剂包装单位规定为五类，见表5-2。

表5-2　化学试剂包装单位

类别	固体产品包装单位/g	液体产品包装单位/mL
1	0.1，0.25，0.5，1	0.5，1
2	5，10，25	5，10，20，25
3	50，100	50，100
4	250，500	250，500
5	1000，2500，5000，25000	1000，2500，3000，5000，25000

小贴士

在实际工作中根据对某种试剂的需要量决定采购化学试剂的量。如一般无机盐类500g包装的较多，而一些指示剂、有机试剂多采用小包装如5g、10g、25g等。高纯试剂、贵金属、稀有元素等也多采用小包装。

积极讨论:

1. 讨论各等级的化学试剂的技术参数及应用场景存在哪些不同。

2. 探讨化学试剂一般的使用温度和使用期限。

读书笔记

任务准备

1. 查资料填表

通过对标准的解读，将优级纯、分析纯、化学纯、实验试剂等四个试剂等级的符号、标签颜色、纯度标准和适用范围举例计入表中。

化学试剂等级标志对照表

项目	一级品	二级品	三级品	四级品
中文标志名称				
符号				
标签颜色				
纯度标准				
适用范围				

2. 准备单

名称	规格	数量
试剂容器		4个
纸质中文标志名称		4个
颜色标签		4个
纸质符号标识		4个
纸质纯度标准标识		4个

1. 理论任务作答

2. 技能任务

任务类别	任务内容	要点提示
识别用于精确分析测定的试剂标志	分别从杂乱的纸质标识中准确挑选出4种专用于精确分析测定的试剂标志，并贴到一级品试剂容器上	一级品试剂对应优级纯、GR、绿色、纯度极高≥99.8%
识别用于工业分析测定的试剂标志	分别从杂乱的纸质标识中准确挑选出4种专用于工业分析测定的试剂标志，并贴到二级品试剂容器上	二级品试剂对应分析纯、AR、红色、纯度较高≥99.7%
识别用于化学合成制备的试剂标志	分别从杂乱的纸质标识中准确挑选出4种专用于化学合成制备的试剂标志，并贴到三级品试剂容器上	三级品试剂对应化学纯、CP、蓝色、纯度较差≥99.5%
识别用于杂质含量不做选择的化学实验的试剂标志	分别从杂乱的纸质标识中准确挑选出4种专用于杂质含量不做选择的化学实验的试剂标志，并贴到四级品试剂容器上	四级品试剂对应实验纯、LR、黄色、杂质较多

任务评价

1. 理论任务评价

评价类别	评价要求	教师评价
理论任务	正确写出化学试剂纯度分级所对应的中文名称，在规定时间内完成。字迹端正、清楚。满分100分，60分为合格	

2. 技能任务评价（满分100分，60分为合格）

评价类别	项目	要求	人员自评	教师评价
识别用于精确分析测定的试剂标志（25%）	选择对应的4种特征标识（25%）	正确选择（20%）		
		规定时间内完成（5%）		
识别用于工业分析测定的试剂标志（25%）	选择对应的4种特征标识（25%）	正确选择（20%）		
		规定时间内完成（5%）		
识别用于化学合成制备的试剂标志（25%）	选择对应的4种特征标识（25%）	正确选择（20%）		
		规定时间内完成（5%）		
识别用于杂质含量不做选择的化学实验的试剂标志（25%）	选择对应的4种特征标识（25%）	正确选择（20%）		
		规定时间内完成（5%）		

任务反思

对照任务实施中技能任务要求梳理在识别不同纯度试剂特征标识过程中可能出现哪些错误操作，并分析这些错误操作对实验室日常工作的影响。

反思项目	梳理分析
错误操作	
错误操作对实验室日常工作的影响	

任务拓展

针对实验室试剂管理理论知识和实操技能，课外应加强以下方面的学习和训练。

序号	拓展项目
1	延伸学习基准试剂（PT）、光谱纯试剂（SP）、高纯试剂（UP）的纯度及适用范围
2	查询《化学试剂　包装及标志》（GB 15346—2012），学习化学试剂纯度与包装单位的关系

任务巩固

1. 按纯度高低，给分析纯、实验纯、优级纯、化学纯试剂排序。

2. 实验中应该优先使用纯度较高的试剂以提高测定的准确度，这个说法是否正确？

任务5-2 危险试剂管理

任务背景

近年来，技术创新和环保理念有力促进了化学行业的结构调整和转型升级，绿色化学制品越来越多出现在人们的日常家庭生活、工厂企业的作业和各级各类实验室中。化学制品多数属于危险化学品，大多具有爆炸、易燃、毒害和腐蚀等特性，在生产、储存、使用、废弃等过程中容易造成人身伤害、环境污染和财产损失，必须采取严格的管理措施。

为了加强试剂管理，小N所在的实验室最近举行识别化学品安全标签上危险象形图含义的趣味闯关活动，平日取用危险化学品试剂时只看化学品名称的小N能顺利闯关吗？

任务目标

知识目标	了解危险化学品的三大分类
能力目标	能准确说出各种危险象形图的具体含义
素养目标	具备法治意识、安全意识、环境保护意识

工作任务

分别通过理论简答和技能操作两种方式完成化学品分类及安全标签管理。

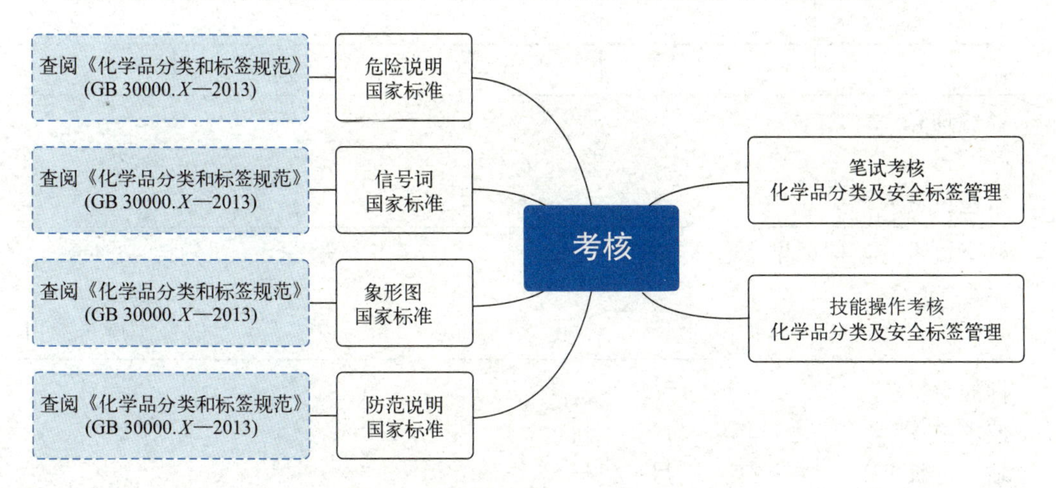

任务描述

项目	任务描述
理论任务	理论简答给出的危险象形图含义
技能任务	闯关人员须准确说出9个常见危险象形图的含义及其所代表的危险性，并列举对应的典型化学品

任务资讯

一、实验室化学试剂日常管理

健全的化学试剂日常管理制度包括申购、审批、采购、验收入库、保管保养、领用、定期盘点、退库及过期试剂的报废处理等方面。建立表格进行管理是化学试剂最清晰、最有效率的管理方式之一，实验室常用的化学试剂申购表、试剂入库验收记录表、化学试剂盘点记录表模板详见表5-3、表5-4、表5-5。

表5-3　化学试剂申购表

<table>
<tr><td>申请部门</td><td colspan="2"></td><td>申请时间</td><td></td></tr>
<tr><td>生产者或供应商</td><td colspan="4"></td></tr>
<tr><td>化学试剂名称（CAS号）</td><td>技术要求</td><td>申购数量</td><td>价格</td><td>备注</td></tr>
<tr><td></td><td></td><td></td><td></td><td></td></tr>
<tr><td></td><td></td><td></td><td></td><td></td></tr>
<tr><td></td><td></td><td></td><td></td><td></td></tr>
<tr><td></td><td></td><td></td><td></td><td></td></tr>
<tr><td></td><td></td><td></td><td></td><td></td></tr>
<tr><td colspan="5">经费预算

科室负责人意见</td></tr>
<tr><td colspan="5">科室负责人审核意见

年　月　日</td></tr>
<tr><td colspan="5">批准意见
技术主管　　年　月　日
站　　长　　年　月　日</td></tr>
</table>

表 5-4　试剂入库验收记录表

日期	试剂名称	规格	数量	批号	有效期	生产厂家	外包装检查	验收人

表 5-5　化学试剂盘点记录表

盘点日期	试剂名称	规格	单位	入库总数量	总金额	结存数量	总金额	差异

小贴士

对检测结果有直接影响的试剂，每批到货都需要技术验收。每个批号抽取一瓶，通过气相色谱仪、原子吸收分光光度计、紫外-可见分光光度计等设备，测试试剂的背景值，若低于检出限，则试剂可以接收。

二、实验室危险试剂管理

1. 危险化学品的分类

根据GB 13690—2009《化学品分类和危险性公示　通则》，将化学品危险性分为理化危险、健康危险及环境危险三大类。

实验室中最常见的理化危险又分为十六类，即爆炸物、易燃气体、易燃气溶胶、氧化性气体、压力下气体、易燃液体、易燃固体、自反应物质或混合物、自燃液体、自燃固体、自热物质和混合物、遇水放出易燃气体的物质或混合物、氧化性液体、氧化性固体、有机过氧化物及金属腐蚀剂。

健康危害包括急性毒性、皮肤腐蚀/刺激、严重眼损伤/眼刺激、呼吸或皮肤过敏、生殖细胞突变性、致癌性、生殖毒性、特异性靶器官系统毒性-一次接触、特异性靶器官系统毒性-反复接触、吸入危险。

环境危险主要是指对水环境的危害。

2. 危险化学试剂的采购

危险化学试剂的采购须提供购买申请表、销售单位生产或经营危险化学试剂的资质证明、购买企业的社会统一信用代码、法人及经办人的身份证明复印件等去公安局相关管理部门进行备案，采购流程如图5-1所示。

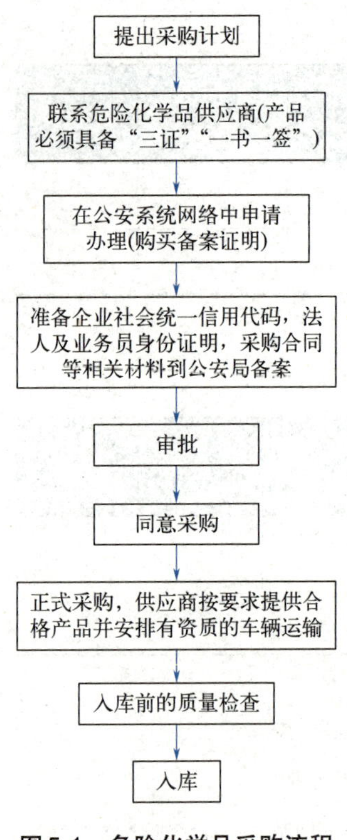

图5-1 危险化学品采购流程

3. 危险化学试剂的存放

储存危险化学品的建筑物不得有地下室或其他地下建筑，其耐火等级、层数、占地面积、安全疏散和防火间距，应符合国家有关规定。储存地点及建筑结构的设置，除了应符合国家有关规定外，还应考虑对周围环境和居民的影响。储存易燃、易爆危险化学品的建筑，必须安装避雷设备和通风设备，并注意设备的防护措施，通排风系统应设有导除静电的接地装置，通风管应采用非燃烧材料制作。

（1）易燃、易爆化学品试剂必须存放于专用的危险性试剂仓库里，并有序放置在不燃烧材料制作的柜、架上，仓库温度不宜超过28℃，按规定实行“五双”制度（双人双锁保管、双人收发、双人运输、双账、双人使用）。实验室少量瓶装试剂可设危险品专柜，按性质分格储存，同一格内不得与氧化剂混合储存，并根据储存种类配备相应的灭火设备和自动报警装置。低沸点极易燃烧的试剂宜在低温下储存（5℃以下，禁用产生电火花的普通家用电冰箱储存）。

（2）遇水易燃试剂一定要存放在干燥，暴雨或潮汛期间保证不进水、不漏水的仓库。不得与盐酸、硝酸等散发酸雾的物品存放在一起，亦不得与其他危险品混存、混放。

（3）压缩气体和液化气体必须与爆炸物品、氧化剂、易燃物品、自燃物品、腐蚀性物品隔离储存。易燃气体不得与助燃气体、剧毒气体共同储存。氧气不得与油脂混合储存。盛装液化气体的容器属于压力容器的，必须有压力表、安全阀、紧急切断装置，并定期检查，不得超装。

（4）氧化性试剂则不得与其他性质抵触的试剂共同储存。包装要完好，密封，禁与酸类混放，应置于阴凉通风处，防止日光曝晒。

（5）腐蚀性试剂的储存容器必须按不同的腐蚀性合理选用，酸类应与氰化物、发泡剂、遇水燃烧品、氧化剂等远离，不宜与碱类混放。

（6）剧毒性试剂应远离明火、热源、氧化剂、酸类及食用品等，置于通风良好处储存，一般不得与其他种类危险化学试剂共同储存，且应按规定贯彻“五双”制度。

常用危险化学试剂的储存见表5-6。

表5-6 常用危险化学试剂的储存

常用危险化学试剂	常见品种	特性	储存方法
易燃易爆品	汽油、乙醇、钾、钠、乙醚、乙酸乙酯、硝化甘油、丙酮等	遇明火燃烧，瞬间剧烈反应	①存放处阴凉、通风、室温低于30℃。 ②远离热源、氧化剂及氧化性酸类。 ③试剂柜铺上干燥黄沙

续表

常用危险化学试剂	常见品种	特性	储存方法
强氧化性物品	硝酸钾、高氯酸、高锰酸钾、过硫酸钠、氯酸钠等	强氧化性，遇酸碱、易燃物、还原剂即反应	①存放处阴凉、通风。 ②与易爆、可燃、还原性物品隔离
强腐蚀性物品	硫酸、盐酸、硝酸、氢氧化钠、氢氟酸、苯酚等	强腐蚀性	①存放处阴凉、通风。 ②储存容器按不同腐蚀性合理选用。 ③存入用耐腐蚀性材料制成的试剂柜中。 ④酸类应与氰化物、遇水燃烧品、氧化剂等远离
放射性物品	荧光粉、钍钠复盐、发光剂、医用同位素 p-32、铀-238、钴 -60、硝酸钍等	放射性	①内外容器存放，存入由屏蔽作用材料制成的试剂柜中。 ②配置防护设备、操作器、操作服。 ③远离其他危险品，包装不得破损，不得有放射性污染。 ④存过放射性物品的地方，应在专业人员的监督指导下，进行彻底清洁，否则不得存放其他物品

4. 危险化学试剂的安全使用

危险化学试剂在使用时应注意以下安全事项。

5. 化学品取用

（1）易燃、易爆化学试剂。严禁明火作业，严禁直接用加热器加热。实验人员要穿好必要的防护用具，最好戴上防护眼镜。

（2）遇水易燃试剂。使用时避免与水直接接触，也不要与人体直接接触，避免灼伤。

（3）强氧化性化学试剂。使用这类试剂时，环境温度不要高于30℃，通风要良好，且不要与有机物或还原性物质共同使用（加热）。

（4）强腐蚀性化学试剂。碰触到任何强腐蚀性化学试剂都必须及时清理，在使用前一定要了解接触到这些强腐蚀性化学试剂的急救方法。

（5）有毒化学试剂。使用前了解所用有毒化学试剂的急救方法，使用时要避免大量吸入，在使用完毕后，要及时清洗，并更换工作服。

（6）放射性化学试剂。使用这类物质需要配备特殊防护设备和了解相关知识，防止放射性物质的污染与扩散。

5. 剧毒化学品的保管、发放、使用、处理制度

为了严管剧毒化学品的保管、发放、使用和处理，防止意外流失，造成不良后果和

危害，应对其进行严格的管理，主要包括以下几个方面：

（1）剧毒化学品仓库和保存箱必须由两人同时管理。双锁，两人同时到场开锁，双人领取，双人送还，否则剧毒化学品仓库保管员有权不予发放。

（2）严格执行在库检查制度，对库存剧毒化学品必须进行定期检查，发现有变质或有异常现象要进行原因分析，提出改进试剂储存的条件和保护的措施，并及时通知有关部门处理。

（3）剧毒化学品发放本着先入先出的原则，发放时做到准确登记（试剂的计量、发放时间和经手人）。领用剧毒化学品试剂时必须提前申请上报，做到用多少领多少，并一次配制成使用试剂。

（4）剧毒化学品保管人员必须熟悉剧毒化学品的有关理化性质，以便做好仓库温度控制与通风调节。使用剧毒试剂时一定要严格遵守分析操作规程。使用剧毒试剂的人员必须穿好工作服，戴好防护眼镜、手套等劳动保护用具。

（5）使用剧毒化学品后产生的废液严禁倒入水池内，应倒入指定的废液桶或瓶内，在指定的安全地方用化学方法中和处理。废液必须当天处理，不得存放。同时要建立废液处理记录，记录内容包括：废液量、处理方法、处理时间、处理地点、处理人。

小贴士

标准物质是一种已经确定具有一个或多个足够均匀的特性值的物质或材料，作为分析测量行业中的“量具”，在校准测量仪器和装置，评价测量分析方法，测量物质或材料特性值和考核分析人员的操作技术水平，以及生产过程中产品的质量控制等领域起着不可或缺的作用。应定期对储存标准物质的冰箱进行监控记录。通常用安瓿瓶装的液体物质可存放在泡沫盒内，固体物质存放在干燥器内密闭保留，钢瓶装的标准气体应该用金属链固定。

积极讨论：

1. 讨论低沸点、易挥发有机溶剂存放注意事项。

2. 探讨遇水易燃化学品存放注意事项。

读书笔记

任务准备

1. 查资料填表

通过对标准的解读，将化学品标签中危险说明、信号词、防范说明和象形图的特征信息举例计入表中。

化学品标签要素一览表

标签要素	特征信息
危险说明	位于信号词下方，简要概述化学品的危险特性
信号词	用危险和警告两个词警示危害程度，信号词如果选用危险，则不应出现警告。 位于化学品名称的下方
防范说明	表述化学品在处置、搬运、储存和使用中必须注意的事项和发生意外时简单有效的救护措施等
象形图	红色边框、黑色符号、白色背景

2. 准备单

任务实施

1. 理论任务作答

2. 技能任务

任务类别	任务内容	要点提示
识别象形图代表的含义	分别说出9种常见危险象形图的名称	1．爆炸危险 2．加压气体 3．加强燃烧危险 4．燃烧危险 5．腐蚀危险 6．毒性危险 7．警告 8．健康危险 9．危害水环境
识别象形图所代表的危险性	分别说出标签上的象形图所指代的危险性类别	举例：有爆炸危险的象形图所指代的危险性类别为爆炸物、自反应物质和混合物、有机过氧化物
举例象形图所对应的典型化学品	每种象形图至少说出3个对应的化学品名称	举例：有爆炸危险的象形图所对应的典型化学品有三硝基甲苯、硝酸铵、硝化甘油等

任务评价

1. 理论任务评价

评价类别	评价要求	教师评价
理论任务	正确填写危险象形图的含义，在规定时间内完成。字迹端正、清楚。满分 100 分，60 分为合格	

2. 技能任务评价（满分100分，60分为合格）

评价类别	项目	要求	人员自评	教师评价
识别象形图代表的含义（30%）	分别说出9种常见危险象形图的名称（30%）	准确识别（25%）		
		规定时间内完成（5%）		
识别象形图所代表的危险性（40%）	分别说出标签上附有此象形图所指代的化学品种类（40%）	准确识别（35%）		
		规定时间内完成（5%）		
识别象形图所代表的典型化学品（30%）	每种象形图至少说出3个对应的化学品名称（30%）	象形图和化学品对应关系正确（25%）		
		规定时间内完成（5%）		

任务反思

对照任务实施中技能任务要求梳理识别危险象形图过程中可能出现的错误答案，并分析错误答案对实验室日常工作的影响。

反思项目	梳理分析
错误答案	
错误答案对实验室日常工作的影响	

任务拓展

针对实验室试剂管理理论知识和实操技能，课外应加强以下方面的学习和训练。

序号	拓展项目
1	危险化学品象形图和危险货物的运输图形标志有哪些异同点
2	查询《化学品安全技术说明书　内容和项目顺序》（GB/T 16483—2008），学习化学品安全技术说明书编写内容和格式

任务巩固

1．易燃易爆化学品按规定应实行“五双”管理制度，请对“五双”进行简要说明。

2．请指出强氧化性化学试剂不能与哪几类物质共同使用？

项目自测

一、填空题

1．化学试剂的主要特点是__________、__________、__________、__________。

2．化学纯试剂的国际通用英文缩写符号为__________。

3．分析纯试剂的标签颜色为______________________。

二、单项选择题

1．一般分析实验和科学研究中适用（　　）。

A．优级纯试剂　　B．分析纯试剂　　C．化学纯试剂　　D．实验纯试剂

2．某一试剂为优级纯，则其标签颜色应为（　　）。

A．绿色　　B．红色　　C．蓝色　　D．咖啡色

3．不同规格的化学试剂可用不同的英文缩写符号表示，下列（　　）分别代表优级纯试剂和化学纯试剂。

A．GB，GR　　B．GB，CP　　C．GR，CP　　D．CP，CA

4．化学试剂优级纯的纯度要求为（　　）。

A．≥99.6%　　B．≥99.7%　　C．≥99.8%　　D．≥99.9%

5．对于危险化学品储存管理的叙述不正确的是（　　）。

A．在储存危险化学品时，室内应备齐消防器材，如灭火器、水桶、砂子等，室外要有较近的水源

B．在储存危险化学品时，化学药品储存室要由专人保管，并有严格的账目和管理制度

C．在储存危险化学品时，室内应干燥、通风良好、温度一般不超过28℃

D．化学性质不同或灭火方法相抵触的化学药品要存放在地下室同一库房内

6．应该放在远离有机物及还原物质的地方，使用时不能戴橡皮手套的是（　　）。

A．浓硫酸　　B．浓盐酸　　C．浓硝酸　　D．浓高氯酸

三、判断题

1．实验中应该优先使用纯度较高的试剂以提高测定的准确度。（　　）

2．指示剂属于一般试剂。（　　）

3．化学试剂中二级品试剂常用于微量分析、标准溶液的配制、精密分析工作。（　　）

4．一化学试剂瓶的标签为红色，其英文字母的缩写为AR。（　　）

四、简答题

1．一般化学试剂的管理包括哪些方面？

2．危险化学试剂的安全使用要求有哪些？

项目六

实验室质量管理

背景导入

实验室质量管理是指实验室确定质量方针、目标和职责，并通过质量体系中的质量策划、质量控制、质量保证和质量改进来实现其工作职能的全部活动。在质量强国战略、质量兴国理念的推动下，目前中国实验室质量管理领域的水平已从跟随成功实现反超、领跑，为中国质量标准走向世界做出了实验室人应有的贡献。

情景案例

实验室品质官打电话给一位其正在服务的客户说：“贵公司是否需要样品检验？”客户回答说：“不需要了，我们已经聘用了一家实验室进行样品检验。”品质官又说：“我们会帮贵公司进行样品检验并及时提交检验报告。”客户回答：“我们聘用的实验室也做了。”品质官又说：“我们帮贵公司做的样品检验数据保证真实准确，绝无差错。”客户说：“我请的那家实验室也已做了，谢谢你，我不需要新的实验室。”品质官便挂了电话，此时实验室其他工作人员问他说：“咱们不是就在为这家客户服务吗？为什么还要打电话？”品质官说：“我只是想知道我们还有哪些地方做得不好！”

一、做质量管理一般延续出现问题然后再去解决问题的模式，品质官主动出击查找问题是否合理？

____

____

二、该案例对你的启示：

____

____

任务6-1 建立实验室质量管理体系

任务背景

质量管理体系是组织内部建立的，为实现质量目标所必需的、系统的质量管理模式。针对质量管理体系的要求，国际标准化组织制定了ISO 9000系列标准（ISO是"国际标准化组织"的简称），以适用于不同类型、产品、规模与性质的组织。近年来中国ISO 9000认证事业迅速发展，目前已建成结构完善的质量管理体系，确保"中国制造"的质量享誉世界，这不仅为企业增加经济效益，更为中国企业在世界范围内保持更高的竞争力做出重要贡献。

某集团对下属食品质量检验实验室进行巡查时发现，实验室日常质量管理较为松散，尚未建立现代质量管理体系，实验室主任安排小J遵循PDCA循环（戴明环）的思路尽快建立实验室质量管理体系，小J能运用PDCA循环对质量目标进行有效控制吗?

任务目标

知识目标	了解现代质量管理体系的发展
能力目标	能说出现代质量管理体系总要求、特征及基本工作方法
素养目标	树立全面质量管理意识

工作任务

分别通过理论简答和技能操作两种方式完成实验室质量管理体系知识点。

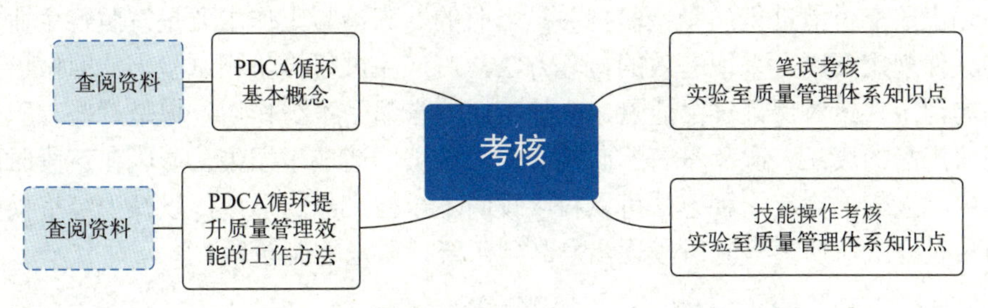

任务描述

项目	任务描述
理论任务	理论作答现代质量管理体系总要求
技能任务	根据质量管理体系的特征和总要求，利用PDCA循环将企业食品质量管理分为四个阶段，制订每个阶段的具体任务，识别和控制食品生产所有过程的有效性

现代质量管理体系

随着现代科学技术的飞速发展，生产和贸易早已跨越国界，形成了经济全球化的格局。世界各国之间在加强技术和信息交流的同时，也对产品质量不断提出更新、更高的要求。人们为了能持续稳定地获得高质量的产品，不仅注重产品的自身质量，而且越来越关注产品生产组织的质量管理。

质量管理在现代社会中的地位和作用，随着现代社会生产力和国际贸易的发展而日益重要，世界各国对质量管理理论的探索也日益深化。在管理学领域中，“质量管理”已成为大受欢迎、方兴未艾的一门软科学。

（一）质量管理的发展

“质量管理”作为20世纪的一门新兴科学，从现实需要到理论提高再到实践运用，其发展历程大体上分为质量检验、统计质量控制、全面质量管理3个阶段。

1. 质量检验阶段（1920 ~ 1940年）

在这段时期内，随着工业化的到来，世界各国尤其是经济发展活跃的一些国家，普遍建立了产品质量检验制度，形成了一支专门从事检验工作的人员队伍，在产品加工过程中和出厂交付前进行质量检验把关。当时的专职检验工作主要是按照各企业或行业编制的文件规定要求，采取有效的检验方法，对产品进行检验和试验，从而做出合格或不合格的判定，这对保证产品质量，维护工厂信誉起了不少作用。但是这些专职检验工作只是使产品的废品、次品没有流向社会，却给工厂造成了损失，所以在这段时期的发展过程中，人们渴望有一种方法可以科学预防不合格产品的形成，以减少经济损失。因此，质量管理就从质量检验阶段逐步发展到了统计质量控制阶段。

2. 统计质量控制阶段（1940 ~ 1960年）

世界各国之所以把统计质量控制阶段的时期划分在1940～1960年，是因为在这一时期中，世界各国广泛运用了统计质量控制的主要方法之一——“数理统计”。

早在1931年，美国的休哈特、戴明等人就提出了抽样检验的概念，他们最先把数理统计方法引入了质量管理领域，根据生产过程中质量波动的规律性，及时采取措施，消除产生波动的异常因素，使整个生产过程处于正常的受控状态下，从而以较低的质量成本生产出较高质量的产品。其最大的好处是能及时发现过程中的异常现象和缓慢变异等系统误差，预防不合格产品的出现。

3. 全面质量管理阶段（1960年至今）

随着现代科学技术日新月异的发展，数以亿万计的高科技新产品相继问世，许多投资金额可观、规模特大、涉及人身安全的产品和项目纷纷在20世纪下半叶登场亮相，技术的革新促进了人们对质量管理概念更深入的认识。现代化系统工程科学地应用于管理领域，同时赋予了质量更新、更深刻的内涵，质量管理活动也从单纯重视生产现场的加工过程向产品形成的前后、采购、销售、服务等全过程延伸。人类工效学的问世，使人们认识到了质量管理中全员参与、人员素质的重要性。以上各种关于质量管理的新概念和新观念，使得质量管理的发展从20世纪60年代起进入了第三个阶段——全面质量管理阶段。在全面质量管理过程中，应用最广泛的是ISO 9000标准。

（二）ISO 9000标准

1. ISO和ISO 9000标准

ISO是“国际标准化组织”的简称，它是世界上最大的非政府性标准化专门机构。ISO有正式成员国120多个，我国是其中之一。

ISO 9000标准是指由ISO发布的有关质量管理的一系列国际标准、技术规范、技术报告、手册和网络文件的统称。ISO 9000标准在世界上具有很强的权威性、指导性和通用性，对世界标准化进程起着十分重要的作用，有效促进国际物资交流和互助，并扩大各国、各级经济组织在知识、科学、技术和经济方面的合作。

2. 2015版ISO 9000标准主要内容简介

（1）2015版ISO 9000标准《质量管理体系　基础和术语》。该标准阐述了质量管理体系的理论基础和指导思想，确定和统一了术语概念，明确标准中基本概念和原则的适用范围，简述了7项质量管理原则，规定了质量管理体系的138个术语，并强调本标准给出的术语和定义适用于所有ISO/TC 176起草的质量管理和质量管理体系标准。

（2）2015版ISO 9001标准《质量管理体系　要求》。该标准分“引言”和“范围”“规范性引用文件”“术语和定义”“组织环境”“领导作用”“策划”“支持”“运行”“绩效评价”“持续改进”十章。

标准规定的要求旨在为组织的产品和服务提供信任，从而增强顾客满意度。

（3）2009版ISO 9004标准《追求组织的持续成功　质量管理方法》。该标准包括“范围”“规范性引用文件”“术语和定义”“组织持续成功的管理”“战略和方针”“资源管理”“过程管理”“监视、测量、分析和评审”“改进、创新和学习”九章。标准遵循PDCA（戴明环）的思路，系统、明确地描述了组织生产经营管理的全部内容并提出了要达到“持续成功”的指南。

（4）2018版ISO 19011标准《管理体系　审核指南》。该标准对管理体系审核提供了指南，包括审核的原则、审核方案的管理和管理体系审核的实施，以及参与管理体系审核过程的人员能力评价。

小贴士

质量是取得成功的关键。由不同的国家政府、国际组织和工业协会所做的研究表明，企业的生存、发展和不断进步都要依靠质量保证体系的有效实施。ISO 9000系列质量体系被世界上一百多个国家广泛采用，既包括发达国家，也包括发展中国家，使市场竞争更加激烈，产品和服务质量得到日益提高。事实证明，有效的质量管理是在激烈的市场竞争中取胜的手段之一。

（三）现代质量管理体系

1. 总要求

组织应按国际标准的要求建立质量管理体系，形成文件，加以实施和保持，并持续改进其有效性。

① 识别质量管理体系所需的过程及其在组织中的应用；

② 确定这些过程的顺序和相互作用；

③ 确定为确保这些过程有效运作和控制所要求的准则和方法；

④ 确保可获得必要的资源和信息，以支持这些过程的有效运作和监视；

⑤ 监视、测量和分析这些过程；

⑥ 实施必要的措施，以实现对这些过程所策划的结果和对这些过程的持续改进。组织应按照国际标准的要求管理这些过程。

质量管理体系就是在质量方面指挥和控制组织的管理体系，它通过一组相互关联或相互作用要素的应用，达到建立质量方针、实现质量目标的目的。因此，组织在按照标准的要求建立管理体系时，应综合考虑影响管理、技术、资源、过程、供方等的因素，使之形成最佳的组合，构成协调一致的整体，最终达到不断满足顾客要求、持续改进质量管理体系的有效性、实现质量目标的目的。

2. 建立和实施质量管理体系

一般包括如下过程：

① 对现行状态的分析和管理方法的策划；

② 过程的运作；

③ 持续改进过程的建立。

3. 质量管理体系的特征

质量管理体系是动态的，随着组织内部和外部环境的变化，特别是顾客需求和期望的变化，应对现行的管理方法不断进行调整。因此，组织应及时收集、分析、评审变更的需求，需要时按照建立和实施质量管理体系的步骤对现行过程进行重组。

4. 质量管理体系的基本工作方法

标准对质量管理体系的总要求体现了PDCA循环（即策划—实施—检查—行动）的基本工作方法，PDCA方法可用于识别和控制所有过程的有效性，例如利用PDCA循环对质量目标的控制。

P——策划。根据组织的现状、需要管理的重点和薄弱环节等因素以及质量方针的要求，在相关职能和层次上建立质量目标。确定对实现质量目标有影响的过程，建立过程的运作方式和要求。

D——实施。实施并运作过程。

C——检查。对质量目标的实现状况进行监视和测量并报告结果。

A——行动。发现偏差时采取必要措施，以持续改进对质量目标有影响过程的业绩。

小贴士

中国成长型企业结合自身的管理实践，把PDCA简化为4Y管理模式，让这一经典理论得到了新的发展。4Y即Y1计划到位、Y2责任到位、Y3检查到位、Y4激励到位。

积极讨论：

1. 讨论实验室质量保证体系构建的依据。

2. 探讨如何编制实验室质量管理手册。

读书笔记

任务准备

通过对标准的解读，将PDCA各字母的基本解释计入表中。

PDCA各字母基本解释对照表

字母	基本解释
P	plan，计划
D	do，执行
C	check，检测
A	act，处理

任务实施

1. 理论任务作答

2. 技能任务

任务类别	任务内容	要点提示
制订P阶段的具体任务	说出下面内容： 通过市场调查、用户访问等，摸清用户对该企业产品质量的要求，确定质量政策、质量目标和质量计划等	根据顾客的要求，为提供结果建立必要的目标和过程
制订D阶段的具体任务	说出下面内容： 实施P阶段所规定的内容。根据质量标准进行产品设计、试制、试验及计划执行前的人员培训	根据设计方案和布局，进行具体操作，努力实现预期目标
制订C阶段的具体任务	说出下面内容： 在D阶段执行之后，检查执行情况，看是否符合计划的预期结果	确认实施方案是否达到了目标
制订A阶段的具体任务	说出下面内容： 根据检查结果，采取相应的措施。巩固成绩，把成功的经验尽可能纳入标准，进行标准化，遗留问题则转入下一个PDCA循环去解决	发现偏差采取必要措施改进不足

任务评价

1. 理论任务评价

评价类别	评价要求	教师评价
理论任务	正确写出现代质量管理体系总要求，在规定时间内完成。字迹端正、清楚。满分 100 分，60 分为合格	

2. 技能任务评价（满分100分，60分为合格）

评价类别	项目	要求	人员自评	教师评价
P阶段的具体任务（25%）	准确理解并说出P阶段的任务（25%）	正确说出任务（20%）		
		规定时间内完成（5%）		
D阶段的具体任务（25%）	准确理解并说出D阶段的任务（25%）	正确说出任务（20%）		
		规定时间内完成（5%）		
C阶段的具体任务（25%）	准确理解并说出C阶段的任务（25%）	正确说出任务（20%）		
		规定时间内完成（5%）		
A阶段的具体任务（25%）	准确理解并说出A阶段的任务（25%）	正确说出任务（20%）		
		规定时间内完成（5%）		

任务反思

对照任务实施中技能任务要求梳理在制订P、D、C、A任务过程中可能出现哪些错误，并分析这些错误对实验室日常工作的影响。

反思项目	梳理分析
错误操作	
错误操作对实验室日常工作的影响	

任务拓展

针对实验室质量管理理论知识和实操技能，课外应加强以下方面的学习和训练。

序号	拓展项目
1	延伸学习ISO 9000系列标准发展历史、内容详情和应用范围
2	查询相关资料，了解PDCA循环在国内的实践

任务巩固

1．请写出建立和实施质量管理体系的三个过程。

____

____

2．请补充完整下面PDCA循环缺失的阶段。

计划—执行—（　　　）—处理

任务6-2 实验室质量检验管理

任务背景

质量管理是在一定的技术经济条件下，为保证和提高产品质量所进行的一系列管理活动的总称。20世纪70年代末期，伴随着改革开放的春风，质量管理被引进我国。历经几十年的学习、实践、创新，质量管理就像大树的种子，在中国逐步落地生根，渐至枝繁叶茂，呈现出越来越蓬勃的生命力，目前已经形成了各类组织高质量发展和实现卓越绩效的完整系统理论和方法体系，得到了全世界的认可。当前，我国经济已由高速增长转向高质量发展，在新的历史起点上，中国企业将继续优化升级，持续纵深推进，不遗余力地探索质量管理新成就。

某化工集团下属二车间新上聚氨酯生产项目，实验室主任把新产品中控、成品质量检验任务交给刚入职半年的工作人员小F，小F需要设计质量检验流程，每个步骤明确岗位人员。小F能准确找齐7个步骤，并妥善安排人员吗？

任务目标

知识目标	了解实验室在生产中的质量职能
能力目标	能说出实验室质量检验的构成要素
素养目标	具备一丝不苟、实事求是的职业态度

工作任务

分别通过理论简答和技能操作两种方式掌握实验室质量管理相关知识点。

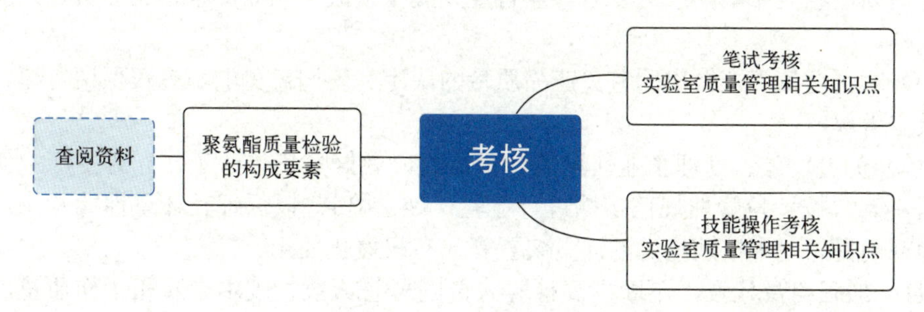

任务描述

项目	任务描述
理论任务	按实操顺序理论简答实验室质量检验的构成要素
技能任务	车间分别产出聚氨酯半成品、成品，实验室检验人员按照顺序排列质量检验构成要素后，对每个要素定岗定责，协助实验室进行中控、出厂检验检测任务

任务资讯

一、实验室在生产中的质量职能

（1）认真贯彻国家关于产品（或服务）质量的法律、法规和政策，制定和健全本企业有关质量管理、质量检验的工作制度。

（2）确立质量第一和为用户服务的思想，充分发挥质量检验对产品质量的保证、预防和报告职能，以保证进入市场的产品符合质量标准，满足用户需要。

（3）参与新产品开发过程的审查和鉴定工作。

（4）严格执行产品技术标准、合同和有关技术文件，负责对产品生产的原材料进货验收、工序和成品检验，并按规定签发检验报告。

（5）发现生产过程中出现或将要出现大量废品，而尚无技术组织措施的时候，应立即报告企业负责人，并通知质量管理部门。

（6）指导、检查生产过程的自检、互检工作，并监督其实施。对违反工艺规程的现象和忽视产品质量的倾向，有权提出批评、制止并要求迅速改正，不听规劝者有权拒检其产品，并通知其领导和有关管理部门。

（7）认真做好质量检验原始记录和分析工作，并按日、周、旬、月、季、年编写质量动态报告，向企业负责人和有关管理部门反馈，异常信息应随时报告。

（8）参与对各类质量事故的调查工作，追查原因，按“三不放过”原则组织事故分析，提出处理意见和限期改进要求。遇有重大质量事故，应立即报告企业负责人及上级有关机构。

（9）对企业负责人做出的有关产品质量的决定有不同意见的，有权保留意见，并报告上级主管部门。

（10）负责发放、管理企业使用的计量器具，做好量值传递工作。对生产中使用的计量器具等，按计量管理规范定期进行检验（或送检），以保证其计量性能及生产原始基准的精确性。对未按期检定的计量装置等，有权停止使用。

（11）加强自身建设，不断提高检验人员的思想素质、技术素质和工作质量，确保专职检验人员的质量管理前卫作用。

（12）加强质量档案管理，确保质量信息的可追溯性。

（13）积极研究和推广先进的质量检验和质量控制方法，加速质量管理和检验现代化。

（14）积极配合有关部门做好售后服务工作，努力收集用户信息并及时反馈。

（15）制订、统计并考核各个生产车间、部门的质量指标，并做出评价。某工厂质量信息反馈系统见图6-1。

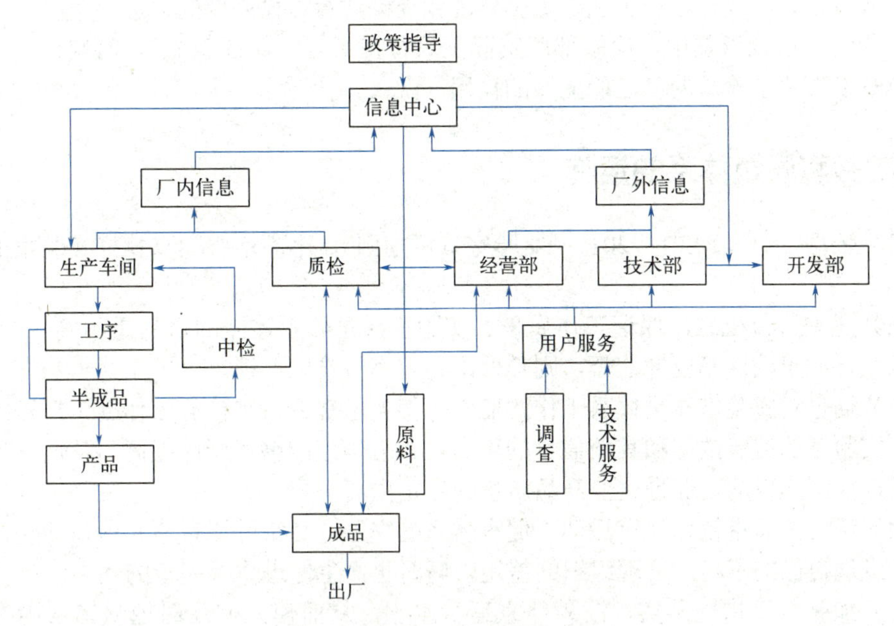

图6-1　某工厂质量信息反馈系统

二、质量检验在质量管理中的作用

1. 质量检验

质量检验是运用一定的方法测定产品的技术特性，并与规定的要求进行比较，做出判断的过程。

质量检验是实验室的核心工作，也是完成实验室部门职责的基础。通常由如下要素构成。

（1）定标。明确技术指标，制订检验方法。

（2）抽样。随机抽取样品，使样品对总体具有充分的代表性。如需要进行全数检验者，则不存在抽样问题。

（3）测量。对产品的质量特征和特性进行“定量”测量。

（4）比较。将测量结果与质量标准进行比较。

（5）判定。根据比较结果，对产品进行合格性判定。

（6）处理。对不合格产品做出处理，包括进行“适用性”判定。

（7）记录。记录数据，以反馈信息、评价产品和改进工作。

2. 质量检验的职能

（1）保证职能。通过检验，保证凡是不符合质量标准而又为经济适用性判定的不合格品不会流入下道工序或者市场，严格把关，保证质量，维护企业信誉。

（2）预防职能。通过检验，测定工序能力以及对工序状态异常变化进行监测，获得必要的信息，为质量控制提供依据，以及时采取措施预防或减少不合格产品的产生。

（3）报告职能。通过对监测数据的记录和分析，评价产品质量和生产控制过程的实际水平，及时向企业负责人、有关管理部门或上级质量监管机构报告，为提高职工质量意识、改进设计、改进生产工艺、加强管理和提高质量提供必要的信息。

在传统的质量管理中，检验部门实际上只行使了其“保证职能”。而现代质量管理要求充分发挥质量检验的“三职能”的作用。

三、实验室质量体系的运作

（1）依据CNAS RL01：2019《实验室认可规则》，不断增强建立良好实验室的信心和机制。

（2）建立监督机制，保证工作质量。实验室质量体系建立的目的是明确的。但是，体系的运行如果缺乏必要的监督，则其效果和效率将难以保证。

（3）通过对实验室质量体系工作的监督，使实验室的日常检验工作处于严密的控制之下，实验室的检验数据和其他信息的可靠性、准确性能够不断地提高，从而达到正确指导生产控制的目的，促进企业产品质量的稳定提高。

（4）认真开展审核和评审活动，促进体系的完善。经常开展审核和评审活动，可以使人们发现自己的不足，发现组织的差距，同时也产生促进体系完善的动力。

（5）加强纠正措施落实，改善体系运行水平，从而使人们及时地从错误中吸取教训，获得经验的积累，充分地发挥质量体系强有力的监督机制和运行记录的作用，改善体系的运行水平。

（6）努力采用新技术，提高检测能力。社会生产的发展对质量检验工作不断提出新要求，实验室必须不断提高自己的技术能力，不断地吸收、采用新技术，推动实验室技术水平提高。

（7）加强质量考核，促进质量职能落实。只有高质量的检验，才能保证对企业生产进行有效的质量监督，实现实验室的质量职能。

为此，须对实验室人员实行经常性的质量考核，通过考核发现和查明各种不良影响因素，并加以克服和消除，促进工作人员工作质量的提高，从而实现检验工作的高质量，使实验室的质量职能得到真正的落实。

小贴士

伴随着我国制造业、建筑业和水利、环境等行业的快速发展以及对外贸易持续增长，我国质量检验检测行业也迎来了快速发展。据统计，近五年质量检验检测行业复合增长率超过20%。质量检验检测行业将成为中国发展前景最好、增长速度最快的服务行业之一。

积极讨论：

1. 讨论工作质量和产品质量有哪些关系。

2. 探讨质量检验对产品生产有什么意义。

读书笔记

任务准备

通过查阅材料，将质量检验的构成要素计入表中。

质量检验的构成要素对照表

名称	构成要素						
质量检验	判定	记录	测量	比较	定标	处理	抽样

任务实施

1. 理论任务作答

2. 技能任务

任务类别	任务内容	要点提示
按顺序排列质量检验构成要素	根据质量检验的职能、产品的技术特性、实际操作流程，按顺序对要素进行有机排列	实验室根据产品特性制订检测方法，接到报检单后安排采样组采样，检验组接到样品安排具体人员进行检验、比对后出具检验报告，异常情况查明原因，对生产工艺做出相应的改进
对每个要素定岗定责	说出每个构成要素的岗位职责	判定：根据比较结果，对产品进行合格性判定 记录：记录数据，反馈信息、评价产品和改进工作 测量：对产品质量特性进行定量测量 比较：将测量结果与质量标准进行比较 定标：明确技术指标，制订检验方法 处理：对不合格产品做出处理 抽样：随机抽取样品，使样品具有充分的代表性

任务评价

1．理论任务评价

评价类别	评价要求	教师评价
理论任务	实验室质量检验的构成要素名称书写正确，顺序排列无误，在规定时间内完成。字迹端正、清楚。满分100分，60分为合格	

2．技能任务评价（满分100分，60分为合格）

评价类别	项目	要求	人员自评	教师评价
按顺序排列质量检验构成要素（50%）	正确排列判定、记录、测量、比较、定标、处理、抽样（50%）	顺序排列正确（45%）		
		规定时间内完成（5%）		
对每个要素定岗定责（50%）	正确说出要素对应的岗位职责（50%）	正确说出岗位职责（45%）		
		规定时间内完成（5%）		

任务反思

对照任务实施中技能任务要求梳理在质量检验要素排列及定岗定责过程中可能出现哪些错误，并分析这些错误对实验室日常工作的影响。

反思项目	梳理分析
错误	
错误对实验室日常工作的影响	

任务拓展

针对实验室质量管理理论知识和实操技能，课外应加强以下方面的学习和训练。

序号	拓展项目
1	延伸学习由于人为的差错导致检验事故的，应如何处理
2	查询采样与制样质量控制相关资料，学习样品采样的基本要求

任务巩固

1．对实验室负责人做出的有关产品质量的决定有不同意见时，应该怎么做？

2．质量检验的“三职能”分别是什么？

项目自测

一、填空题

1. 实验室质量检验的3个职能是__________、__________、__________。

2. 实验室检验工作的一般过程为__________、__________、__________、__________、__________、__________。

3. PDCA的工作方法中，P指__________，D指__________，C指__________，A指__________。

二、单项选择题

1. 国际标准化组织的代号是（   ）。

A. SOS B. IEC C. ISO D. WTO

2. 实验室对质量体系运行全面负责的人是（   ）。

A. 首席执行者 B. 质量负责人

C. 技术负责人 D. 质量检验员

3. ISO 9000系列标准与（   ）无关。

A. 质量管理 B. 质量保证 C. 产品质量 D. 质量保证审核

三、判断题

1. 只有质量手册、程序文件、作业指导书才是应受控的文件。（   ）

2. 管理体系应覆盖实验室在固定设施内进行的工作，不需要覆盖在临时的或可移动的设施中进行的工作。（   ）

3. 为防止出现质量问题应经常调整质量体系。（   ）

四、简答题

1. 工作质量与产品质量有什么关系？

2. 质量检验对产品生产有什么意义？

项目七

实验室认证认可

背景导入

国家实验室认可是指由中国合格评定国家认可委员会（以下简称CNAS）对检测和校准实验室有能力完成特定任务作出正式承认的程序。通过认可的实验室出具的检测、检验、校准报告和证书可以加盖CNAS的印章，所出具的数据国际互认。认证认可在我国起步较晚，但在全面推行阶段发展十分迅速，目前我国已建立统一的认证认可管理体系，为全面建设社会主义现代化国家提供了有力支撑。

情景案例

某实验室已获认可的能力中，有食品、化妆品、香精香料、口腔清洁护理类等19项参数的检验标准过期，标准涉及技术能力变化，实验室进行了内部标准变更审批，但未及时向CNAS申请变更，并且依据未获认可的新版标准出具了2300份检验报告，报告使用了带有CNAS标识的封皮，CNAS后期对该实验室进行专项监督评审时发现此问题，因此给予其暂停认可资格的处理。

一、认可过期期间出具的检验报告能作为有效文件吗？该实验室应如何进行整改？

____

____

二、该案例对你的启示：

____

____

任务7-1 实验室认证认可准备

任务背景

实验室认可能促进实验室提高内部管理水平、技术能力、服务质量和服务水平，增强竞争能力，使其能公正、科学和准确地为社会提供高信誉的服务。目前国内质量技术监督管理体系建设方面进一步完善，在实验室认可方面的政策法规和推行力度得到了进一步的明确和加强，认可机构严格按照国家标准进行检测和校准，中国实验室认可水平正迅速登上世界领先舞台。未来几年，实验室认可将进一步改革并促进各行业技术持续进步，助推中国的实验室事业繁荣发展。

某校为了推进校企深度合作，提升人才培养质量，拟新建一家农产品检测实验室。为保障该实验室建成后可以通过相关部门的正式承认，从而顺利承接检测任务，学校实训中心主任安排小K查阅资料，确定资质认定和实验室认可的区别和联系，为学校下一步开展申报提供政策支撑，小K能准确找到二者的异同点吗？

任务目标

知识目标	了解资质认定、实验室认可的基本概念
能力目标	能识别资质认定和实验室认可的区别与联系
素养目标	具备互助合作的团队精神

工作任务

分别通过理论简答和技能操作两种方式完成实验室认证认可准备相关知识点。

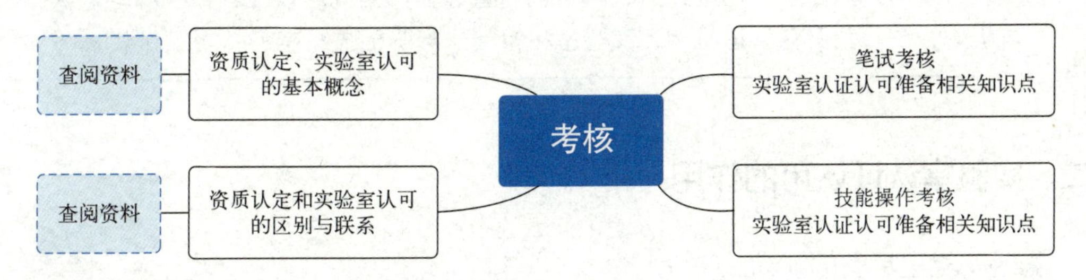

任务描述

项目	任务描述
理论任务	理论简答资质认定和实验室认可的区别
技能任务	现分别有对企业管理体系的审核评定、对产品的抽样检验、评价检验机构的能力等若干合格评定活动，请根据活动主体、对象和目的等特征，准确说出这些活动分别属于资质认定还是实验室认可

任务资讯

一、实验室认可的意义

“认可”是指认可机构按照相关国际标准或国家标准，对从事认证、检测和检验等活动的合格评定机构实施评审，证实其满足相关标准要求，进一步证明其具有从事认证、检测和检验等活动的技术能力和管理能力的一类“评价”活动。

实验室认可活动发生于20世纪40年代，之后逐步地扩散发展，并在70年代中期产生了第一个地区性的认可机构。20世纪末，诞生了世界性的国际实验室认可组织——“国际实验室认可合作组织”(ILAC)。

实验室认可是世界科学技术和市场经济不断发展的结果。在世界经济全球化发展的今天，人们对产（商）品质量的要求越来越高。对产（商）品质量检测的期望也越来越高，直接促进了实验室事业的大发展，对实验室工作质量的评估和认可活动也因此得以迅速发展，并且逐步地走向国际化。

小贴士

中国合格评定国家认可委员会（简称CNAS），是根据《中华人民共和国认证认可条例》的规定，由国家认证认可监督管理委员会批准设立并授权的国家认可机构，统一负责对认证机构、实验室和检验机构等相关机构的认可工作。

二、实验室认证认可的作用

1. 表明实验室具备的能力

通过认证认可的实验室表明了该实验室具备可按相应认可准则开展检测和校准服务的技术能力。在我国，通过资质认定的检验检测机构出具的报告在国内具有法律效力。

2. 提升实验室信誉和知名度

通过认证认可的实验室可在相应的能力范围内使用相应标志。如CNAS国家实验室认可标志（见图7-1）。

图7-1　中国实验室国家认可标志

通过认证认可的实验室可列入获准认证认可机构名录，提高报告的信誉和知名度，增强市场竞争能力，赢得政府部门、社会各界的信任。

3. 获得签署互认协议国家和地区认可机构的承认

在市场经济和国际贸易中，买卖双方十分需要检测数据来判定合同中的质量要求是否满足。各国通过签署双边或多边互认协议，促进检测结果的国际互认，能有效避免重复性检测，降低成本，简化程序，促进国际贸易的有序发展。通过CNAS认可的实验室，同时也获得国际实验室认可合作组织（ILAC）的认可，为实现产品“一次检测、全球承认”的目标奠定了基础。

小贴士

目前我国累计认可各类认证机构204家，认可的认证机构涉及的领域有764个，实验室认可数量已经达到14004个，在全球处于领先水平。

三、资质认定和实验室认可的区别与联系

1. 性质不同

实验室认可是自愿性的，是市场行为，属于社会公信范畴。

资质认定是强制性的。凡是对社会出具公证数据的实验室都必须申请并通过资质认定。资质认定是政府行为，属于行政审批的范畴。

2. 实施主体不同

实验室认可是由CNAS组织和运作。

资质认定分两级实施：国家级资质认定由国家市场监督管理总局实施，地方级由省（包括直辖市、自治区）质量技术监督局实施。

3. 依据标准不同

实验室认可依据GB/T 27025—2019《检测和校准实验室能力的通用要求》，CNAS将其等同采用为CNAS-CL01《检测和校准实验室能力认可准则》，其内容的主体部分共25个要素，108条。

资质认定依据《检验检测机构资质认定评审准则》，是结合了ISO/IEC 17025和中国国情而制定的。其内容的主体部分共19个要素、5个要求和一个特殊要求，共65条69款。

4. 结果与作用不同

实验室认可后，实验室可以在其检测报告上加盖CNAS标志，表明其检测数据和结果是可信的，实验室之间应该互认。如果与CNAS签订了国际互认协议，还可以加盖MRA标志，则国际实验室间也应该互认。

资质认定后，实验室可以在其检测报告上加盖CMA或CAL标志，同样表明其检测数据和结果是可信的，政府或授权机构可以引用这些数据和结果对产品或工程质量进行监督、评价、发放许可证等，然而只在中华人民共和国境内有效，不具有国际互认的效力。

5. 申请条件不同

实验室认可由第一方、第二方、第三方自愿申请。

资质认定必须由依法设立，保证客观、公正和独立地从事检测、校准和检查活动，并承担相应法律责任的法人单位或授权单位申请。第一方（政府机构及下属单位）可申请，第三方实验室可申请，申请时营业执照、事业单位法人证书或其他法人证明文件的经营范围中应包含检验、检测业务。

6. 需要申请的情况

实验室认可的申请单位是：承担进出口商品检验、出入境人员检疫、出入境动植物检疫任务的实验室；有国际合作事务的实验室；在国外承揽工程建设项目的公司的实验室；国家、行业或部门权威实验室。

资质认定的申请单位：产品或工程质量检验机构；为社会提供公证数据的独立实验室；承担第三方检测任务的实验室。

四、实验室认可的基本条件

一个实验室希望获得实验室认可，必须达到符合《实验室认可规则》CNAS-RL01：2019文件规定的要求，并按《实验室认可指南》CNAS-GL001：2018的规定办理“认可申报”，提交足够的认可申报资料，然后由CNAS机构进行审查考核，当申报认可的实验室达到规定要求的时候，便可以获得认可。

五、实验室认可的基本程序

1. 申请

除了在计量校准和法定检验机构的实验室实现强制性认可以外，一般的实验室目前还是采取自愿申报认可的方式，由自愿申报的实验室向CNAS机构提交实验室认可申请书以及相关资料提出申请。

2. 现场评审

CNAS机构在接收实验室的申请书后，首先对认可申请的实验室申请资料的完整性、规范性进行初审，确认申报实验室的申请准备工作基本符合要求后，再对现场评审正式立项，登记建立档案，选配评审员，组织制订现场评审计划和开展现场评审准备工作。

申报“认可”的实验室在提交申请书后，应该根据CNAS机构的要求提交必需的补充资料，并配合CNAS机构做好各种现场评审活动的准备工作，为现场评审提供方便。

为了使评审申请尽快获得通过，申报认可的实验室应在申报前认真学习《实验室认可规则》CNAS-RL01：2019和《实验室认可指南》CNAS-GL001:2018，深入领会其核心精神，并做好申报的咨询，尽量做到一次就提交足够的认可申报资料，以便CNAS机构充分进行现场评审准备，加快评审进度。

CNAS对申报实验室的现场评审，包括以下内容：

（1）首次会议。明确现场评审的目的、范围及依据，评审的工作计划、程序、方法、时间安排以及联系方法等，并在现场进行必要的答辩，澄清某些不够明确的问题，以便对认可申请的实验室有进一步的了解。

（2）现场参观与评审。根据评审工作计划进行现场的参观、检验评审工作。

（3）现场试验与评价。根据评审工作需要进行现场的测试/校准工作质量检查，对申报实验室的实际工作能力和质量保证能力做出鉴定，以确定实验室的实际水平，并给予恰当的评价。

3. 批准认可

经过实际认可审查的考核，对于达到认可条件的实验室，由CNAS机构把相关资料连同评审报告上报CNAS评定工作组，由工作组予以评定。如无异议，再报请国家市场监督管理总局颁发批文和认可证书。

4. 监督和复评审

凡获得CNAS认可的实验室，在认可程序完成以后，必须接受CNAS的监督和复评审，以确保认可的有效性。

对于违反《实验室认可规则》CNAS-RL01：2019的行为，或实验室的实际水平有所下降等其他实际情况，可适时地对实验室的认可资格提出变更或取消意见，并上报审批和执行。

5. 能力验证

能力验证是对实验室进行现场评审的考核内容之一，旨在检查实验室以及具体工作人员的实际工作能力和质量保证能力，以便对实验室的总体实际水平做出评价。在进行能力验证的时候，申请认可的实验室须给予充分的合作，以利于验证工作的顺利进行。

能力验证是认可评定的重要工作，在评审和复评审工作过程中都具有重要意义，不可忽视。实验室认可工作流程图见图7-2。

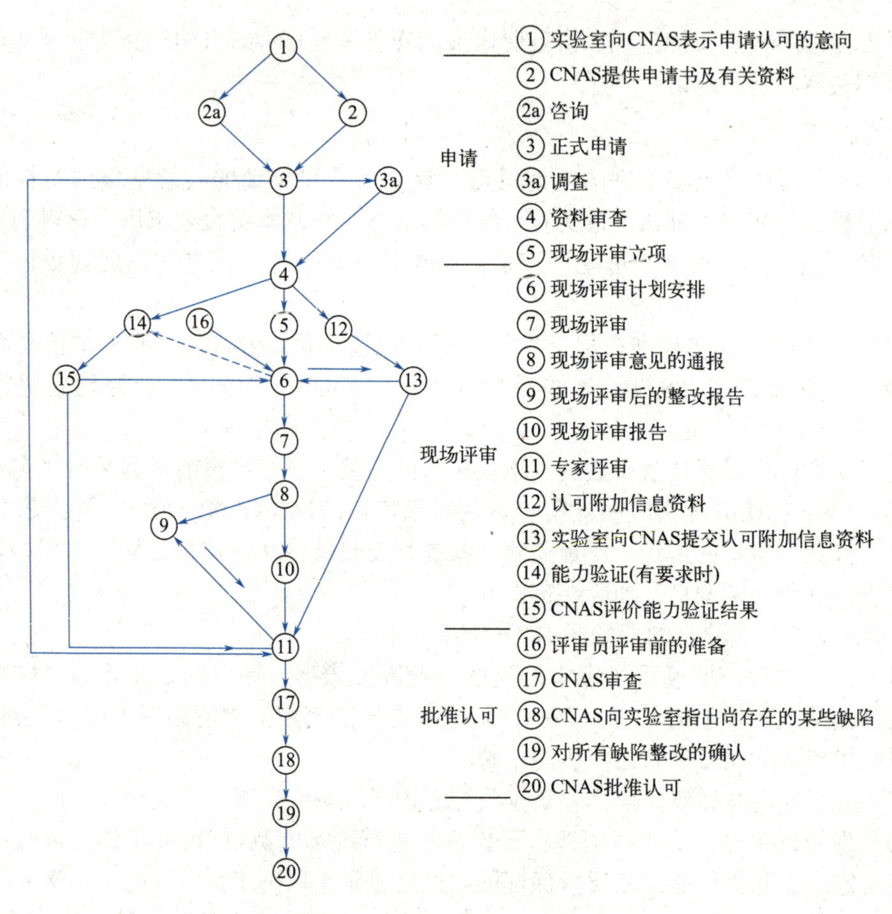

图7-2 实验室认可工作流程图

积极讨论:

1. 讨论国际标准的特点有哪些。

2. 探讨CNAS的主要职责。

读书笔记

任务准备

通过对资料的解读，将资质认定和实验室认可的主要区别举例计入表中。

资质认定和实验室认可区别对照表

类别	性质	主体	管理对象	目的
资质认定	政府行为 强制性	CNAS	产品、过程、服务	符合性认证
实验室认可	市场行为 自愿性	具备资格的第三方	团体、个人	具备能力的证明

任务实施

1. 理论任务作答

2. 技能任务

合格评定主要活动	任务内容		
	判断资质认定/认可	判断管理对象	判断实施机构
对产品进行抽样、检验	资质认定	产品	认证机构
测试产品的环境参数、性能	资质认定	产品	认证机构
检查和评定检验机构的质量管理体系	认可	检验机构	认可机构
审核和评定认证机构的质量管理体系	认可	认证机构	认可机构
评价检验机构的能力	认可	检验机构	认可机构
评价审核员的能力	认可	人	认可机构
审核和评定课程培训的质量管理体系	认可	培训机构	认可机构

任务评价

1. 理论任务评价

评价类别	评价要求	教师评价
理论任务	资质认定和实验室认可的区别书写正确，在规定时间内完成。字迹端正、清楚。满分 100 分，60 分为合格	

2. 技能任务评价（满分 100 分，60 分为合格）

评价类别	项目	要求	人员自评	教师评价
识别合格评定活动归类（100%）	选择正确的评定类别（40%）	正确选择评定类别（35%）		
		规定时间内完成（5%）		
	选择正确的管理对象（30%）	正确选择管理对象（25%）		
		规定时间内完成（5%）		
	选择正确的实施机构（30%）	正确选择实施机构（25%）		
		规定时间内完成（5%）		

任务反思

对照任务实施中技能任务要求梳理在识别合格评定活动归类过程中可能出现哪些错误，并分析这些错误对实验室评定工作的影响。

反思项目	梳理分析
错误	
错误对实验室评定工作的影响	

任务拓展

针对实验室认证认可管理理论知识和实操技能，课外应加强以下方面的学习和训练。

序号	拓展项目
1	查询资料，延伸学习认证、认可制度的起源和发展
2	查询中国合格评定国家认可委员会官网，了解 CNAS 的组织结构

任务巩固

1. 写出实验室认可的基本程序。

2. 资质认定和实验室认可在申请条件及依据标准上有哪些不同？

任务7-2 实验室认可现场评审

任务背景

CNAS按照我国有关法律法规、国际和国家标准、规范等，对提出申请的实验室开展能力评价，作出认可决定。严格的程序、细致的管理和标准化的评审使得CNAS获得了国际声誉，赢得了世界各国政府及企业的信任，为实现认可双边、多边合作交流奠定了基础。获得认可的一般流程是意向申请、正式申请、评审准备、现场评审、认可评定和批准发证。现场评审是比较重要的步骤之一。

某宠物食品生产集团下属实验室在建立和运行质量管理体系后提出实验室认可的首次评审申请，CNAS拟对其是否满足条件进行现场确认。实验室主任安排小M查阅资料确定评审专家组进行现场评审的标准流程，以便于提前进行相应的准备。小M能准确无遗漏地完成这项调查工作吗？

任务目标

知识目标	了解实验室认可现场评审的基本流程
能力目标	能准确说出现场试验阶段对人员操作能力、环境、设备保证能力的要求
素养目标	具备观察问题、分析问题、解决问题的能力

工作任务

分别通过理论简答和技能操作两种方式完成实验室认可现场评审相关知识点的考核。

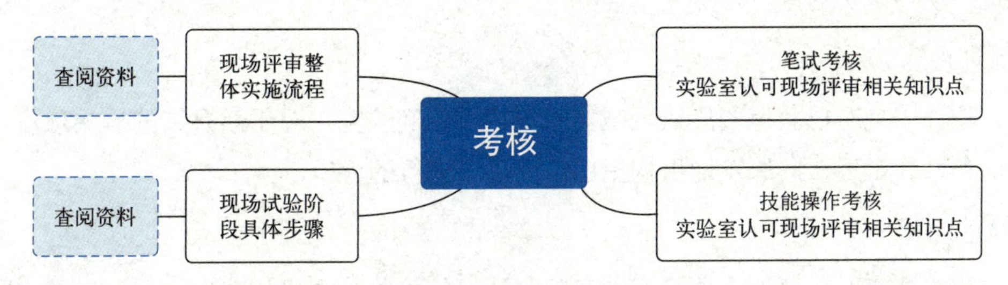

任务描述

项目	任务描述
理论任务	理论简答实验室认可现场评审的基本流程
技能任务	宠物食品生产集团下属实验室进行申请认可首次评审，认可现场试验项目覆盖申请范围所有大类，列出现场试验考核方式种类、对应种类应出具的报告类型、现场试验的评价内容、现场提问的内容类别

任务资讯

一、现场评审的类型

现场评审的类型包括首次评审、变更评审、复查评审、扩项评审和其他评审。

1. 首次评审

首次评审是对未获得资质认定或实验室认可的检验检测机构，在其建立和运行管理体系后提出申请，资质认定或实验室认可部门对其是否满足资质认定条件进行现场确认的评审。

2. 变更评审

变更评审是对已获得资质认定或实验室认可的实验室，其组织机构、工作场所、关键人员、技术能力、管理体系等发生变化，资质认定或实验室认可部门对其是否满足资质认定或实验室认可条件进行现场确认的评审。

3. 复查评审

复查评审是对已获得资质认定或实验室认可的实验室，在证书有效期届满前申请办理证书延续，资质认定或实验室认可部门对其资质是否持续满足资质认定或实验室认可条件进行现场确认的评审。

4. 扩项评审

扩项评审是对已获得资质认定或实验室认可的实验室，对于新开展的检测项目，待其检验条件具备后，向原发证机构提出申请后所进行的评审。

5. 其他评审

此外，还有对已获得资质认定或实验室认可的检验检测机构，因资质认定或实验室认可部门监管、处理申诉投诉等需要，对检验检测机构是否满足资质认定或实验室认可条件进行现场确认的评审，常见的有定期监督评审、迁址评审等。

二、现场评审的准备

1. 确定实施部门

资质认定或实验室认可部门受理申请材料后，可自行组织实施评审，或委托专业技术评价组织实施评审。委托专业技术评价组织实施评审时，实验室应将申请书、质量手册、程序文件等相关说明以及评审工作用表转交专业技术评价组织。

2. 组建评审组

资质认定或实验室认可部门或其委托的专业技术评价组织，应根据被评审实验室申请资质认定或实验室认可的检验检测项目和专业类别，按照专业覆盖、就近就便的原则组建评审组。评审组由1名组长、1名以上评审员或技术专家组成。评审组成员应在组长的领导下，按照资质认定或实验室认可部门组织下达的评审任务，独立开展资质认定或实验室认可评审活动，并对评审结论负责。

评审组长须代表评审组与被评审实验室沟通，协调、控制现场评审过程等工作。评审员和技术专家应按照评审组的分工，做好评审前的信息收集，负责管理要素的评审员应协助评审组组长做好前期文件审查工作，负责技术要素的评审员应协助评审组组长确定现场试验考核项目，并负责评审报告中相关记录的填写。

3. 材料审查

评审组长应在评审员或者技术专家的配合下对实验室提交的申请材料进行审查。通过审查提交的申请书，对实验室的工作类型、能力范围、检验检测资源配置以及管理体系运作所覆盖的范围进行了解，并依据评审准则及相应的技术标准，对申请人的质量手册、程序文件等进行文件符合性审查，对管理体系的运行予以初步评价。

评审组长应当在收到申请材料后于规定的工作日内完成材料审查，并将审查意见反馈资质认定或实验室认可部门的专业技术评价组织，当材料不符合要求时，由资质认定或实验室认可部门通知申请机构更改。

4. 下发评审通知

材料审查合格后，资质认定或实验室认可部门或其委托的专业技术评价组织向被评审的实验室下发现场评审通知书，同时告知评审组按计划实施评审。

5. 编写评审计划

评审组接到现场评审任务后，编写评审日程计划表，对评审的日期、时间、工作内容、评审组分工等进行策划安排，并就以下问题与被评审的实验室进行沟通：①确定评审的日程；②确定现场试验项目；③商定交通、住宿等安排。

三、现场评审的实施

1. 召开预备会议

评审组长在现场评审前应召集全体评审组成员参加预备会议，会议内容包括：

① 评审组长声明评审工作的公正、客观、保密，以及本次评审的目的、范围和依据；

② 介绍实验室文件审查情况，明确现场评审要求，统一判定原则；

③ 听取评审组成员有关工作建议，解答疑问；

④ 确定评审组成员分工，明确各成员职责，提供相应评审文件及现场评审表格；

⑤ 确定现场评审日程表；

⑥ 如有必要，要求实验室提供与评审相关的补充材料；

⑦ 如有新获证评审员和技术专家，须进行必要的培训及评审经验交流。

2. 首次会议

首次会议由评审组长主持召开，评审组全体成员、实验室最高管理者、技术负责人、质量主管和实验室业务部门负责人应参加首次会议，会议内容包括：

① 介绍评审组成员，实验室介绍与会人员；

② 宣读资质认定或实验室认可部门的评审通知，说明评审的目的、依据、范围、原则，明确评审将涉及的部门、人员；

③ 确认评审日程表、评审组成员分工；

④ 做出保密承诺，明确限制条件（如洁净区、危险区、限制交谈人员等）；

⑤ 配备陪同人员，确定评审组的工作场所及评审工作所需资源。

3. 考察实验室场所

首次会议结束后，由陪同人员引领评审组进行现场考察，考察实验室相关的办公及检验检测场所。现场参观的过程是观察、考核的过程。有的场所通过一次性的参观之后可能不再重复检查，要利用有限的时间收集最大量的信息。在现场参观的同时要及时进行有关的提问，有目的地观察环境条件、仪器设备、检验检测设施是否符合检验检测的要求，并做好记录。现场参观应在评审日程表规定的时间内完成。

4. 现场试验

实验室是否有相应的检测能力，应通过现场试验予以考核。通过现场试验，考核检验人员的操作能力以及环境、设备等保证能力。现场试验的程序如下：

①选择考核项目；②确定现场试验考核方式；③现场试验结果的应用；④现场试验的评价；⑤现场提问；⑥查阅质量记录；⑦填写现场评审记录；⑧现场座谈；⑨授权签字人考核；⑩检验检测能力的确定；⑪评审组内部会；⑫与实验室沟通；⑬评审报告；⑭末次会议。

小贴士

现场试验中盲样试验、人员比对、仪器比对、过程考核，应出具检验检测报告或证书；报告或证书验证应出具检验原始记录、检验检测报告或证书。

四、现场评审的整改

现场评审结束后，实验室在商定的时间内对评审组提出的不符合内容进行整改，整改时间不超过规定的天数。整改完成后形成书面材料报评审组长确认，评审组长在收到实验室的整改材料后，应在规定的时间（一般5个工作日）完成跟踪验证，向资质认定或实验室认可部门或其委托的专业技术评价组织上报评审相关材料。

对评审结论为“基本符合”的实验室，应采取文件评审的方式进行跟踪验证，流程如下：

① 实验室提交整改报告和相应见证材料；

② 评审组长根据见证材料确认整改是否有效，符合要求；

③ 整改符合要求的，由评审组长填写评审报告中的整改完成记录，上报审批。

对评审结论为“基本符合需现场复核”的实验室，应采取现场检查的方式进行跟踪验证，流程如下：

① 实验室提交整改报告和相关见证材料；

② 评审组长组织相关评审人员，对须整改的不符合内容进行现场检查，确认整改是否有效；

③ 整改有效、符合要求的，由评审组长填写评审报告中的整改完成记录，上报审批。

小贴士

被评审方在明确整改要求后应拟订纠正措施计划，并在三个月内完成，对监督、复评审的，在一或两个月内完成，提交给评审组。评审组应对纠正措施的有效性进行验证。

积极讨论：

1. 讨论现场评审时评审组的分工。

2. 探讨评审的后续工作有哪些。

读书笔记

通过对标准的解读，将现场评审整体实施流程及工作内容计入表中。

现场评审流程对照表

流程名称	工作内容
召开预备会议	1. 介绍实验室文件审查情况，明确现场评审要求 2. 听取评审组成员有关工作建议 3. 确定评审组成员分工 4. 确定现场评审日程表
首次会议	1. 介绍评审组成员、实验室介绍与会人员 2. 宣读实验室认可部门的评审通知 3. 确认评审日程表、评审组成员分工 4. 做出保密承诺，明确限制条件 5. 确定评审组的工作场所及所需资源
考察实验室场所	陪同人员引领评审组考察实验室相关的办公及检验检测场所
现场试验	1. 选择考核项目 2. 确定现场试验考核方式 3. 现场试验结果的应用 4. 现场试验的评价 5. 现场提问 6. 查阅质量记录 7. 填写现场评审记录 8. 现场座谈 9. 授权签字人考核 10. 检验检测能力的确定 11. 评审组内部会 12. 与实验室沟通 13. 评审报告 14. 末次会议

1. 理论任务作答

2. 技能任务

任务类别	任务内容
列出现场实验考核方式种类	盲样试验、人员对比、仪器对比、见证实验和报告验证式
列出考核方式对应种类应出具的报告类型	1. 盲样试验、人员对比、仪器对比、见证实验应出具检验检测报告或者证书 2. 报告验证应出具检验原始记录、检验检测报告或者证书
列出现场试验的评价内容	1. 所用的检验检测标准是否正确 2. 检验检测结果的表述是否准确、清晰 3. 检验检测人员是否有相应的经验 4. 检验检测操作的熟练程度如何 5. 检验检测设备调试、使用是否正确 6. 检验检测记录是否规范
列出现场提问的内容类别	1. 基础性问题，如法律法规、评审准则、体系文件、检验检测标准、检验检测技术等方面的提问 2. 针对评审中发现的问题、尚不清楚的问题作跟踪性或澄清性提问

任务评价

1. 理论任务评价

评价类别	评价要求	教师评价
理论任务	准确写出实验室认可现场评审的基本流程，在规定时间内完成。字迹端正、清楚。满分 100 分，60 分为合格	

2. 技能任务评价（满分100分，60分为合格）

评价类别	项目	要求	人员自评	教师评价
列出现场实验考核方式种类（25%）	列出5种考核方式（25%）	无遗漏（20%）		
		规定时间内完成（5%）		
列出考核方式对应种类应出具的报告类型（25%）	列出报告类型（25%）	无遗漏（20%）		
		规定时间内完成（5%）		
列出现场试验的评价内容（25%）	列出评价内容（25%）	无遗漏（20%）		
		规定时间内完成（5%）		
列出现场提问的内容类别（25%）	列出现场提问的内容（25%）	无遗漏（20%）		
		规定时间内完成（5%）		

任务反思

对照任务实施中技能任务要求梳理在现场评审整体实施过程中可能出现哪些流程错误，并分析这些错误对现场评审工作的影响。

反思项目	梳理分析
流程错误	
流程错误对现场评审工作的影响	

任务拓展

针对实验室认证认可管理理论知识和实操技能，课外应加强以下方面的学习和训练。

序号	拓展项目
1	延伸学习 ISO 9000 标准的产生和发展
2	研讨标准的层次分类及各层次标准制订部门的区别

任务巩固

1. 现场评审的类型有哪些？

2. 填写现场评审记录时，根据情况一般会做出四种评审结论，分别是什么？

项目自测

一、填空题

1. 申请实验室认证认可，无论是资质认定还是CNAS实验室认可，大体分为__________、__________、__________三个阶段。

2. 现场评审的类型包括____________、____________、____________、____________、____________。

二、单项选择题

1. 评审组长在现场评审前应召开全体评审组成员参加的预备会，预备会上对评审工作说法不正确的是（　　）。

A. 公正　　B. 公开　　C. 客观　　D. 保密

2.《实验室认可准则》中规定的实验室职责是（　　）。

A. 为客户提供检测或校准服务　　B. 做好检测或校准工作

C. 为规范市场提供数据

D. 符合《实验室认可准则》、客户、法定管理机构以及客户需要

3.（　　）是现场评审的一部分，是评价实验室工作人员是否经过相应的教育、培训，是否具有相应的经验和技能而进行资格确认的一种形式。

A. 现场提问　　B. 现场试验　　C. 现场座谈　　D. 现场讨论

4. 实验室的认可是由（　　）按规定准则和程序来进行的评审。

A. 审核机构　　B. 认可机构　　C. 认证机构　　D. 四家质监机构

三、判断题

1. 具有工程师及以上技术职称的人员均可担任实验室技术主管与授权签字人。（　　）

2. 实验室可以口头规定所有管理、操作和核查人员的职责、权利和相互关系。（　　）

3. 实验室应具有明确的法律地位，凡申请认可的实验室必须是独立法人。（　　）

4. 第一方、第二方和第三方实验室都可以申请实验室认可。（　　）

四、简答题

1. 什么是实验室认可？实验室认可的基本程序是什么？

2. 实验室认证和认可有何本质区别？

项目自测答案

项目一　实验室安全管理

一、填空题

1. 爆炸、中毒、触电、割伤、烫伤、冻伤、射线
2. 呼吸、接触、摄入
3. 废气、废水和废渣
4. 解毒、深埋
5. 腐蚀性化学试剂

二、单项选择题

1. A　2. B　3. C　4. C　5. D　6. A　7. D　8. A　9. B　10. C

三、判断题

1. ×　2. ×　3. ×　4. √　5. √

四、简答题

1. 答：灭火措施：为防止火势扩展，首先切断电源，关闭煤气阀门，快速移走附近的可燃物；根据起火的原因及性质，采取妥当的措施扑灭火焰；火势较猛时，应根据具体情况，选用适当的灭火器，并立即请求救援。

注意事项：要根据火源类型选择合适的灭火器材。电器设备及电线着火时必须关闭总电源，再用四氯化碳灭火器熄灭已燃烧的电线及设备。在回流加热时，由于安装不当或冷凝效果不佳而失火，应先切断加热源，再进行扑救。但绝对不可以用其他物品堵住冷凝管上口。实验过程中，若敞口的器皿中发生燃烧，在切断加热源后，再设法找一个适当材料盖住器皿口，使火熄灭。对于扑救有毒气体火情时，要注意防毒。衣服着火时，不可慌张乱跑，应立即用湿布等物品灭火，如燃烧面积较大，可躺在地上打滚，熄灭火焰。

2. 答：灭火器应定期检查并按时更换药液；临使用前必须检查喷嘴是否通畅，如有阻塞，应用铁丝疏通后再使用，以免造成爆炸；使用后应彻底清洗，并及时更换已损坏的零件；灭火器应安放在固定明显的地方，不得随意挪动。

3. 答：中毒是指某些侵入人体的少量物质引起局部刺激或整个机体功能障碍的任何疾病。

毒物侵入人体的途径：呼吸中毒、接触中毒和摄入中毒。

中毒的预防：实验室工作人员一定要熟知本岗位的检验项目以及所用药品的性质；所用一切化学药品必须有标签，剧毒药品要有明显的标志；严禁试剂入口，用移液管吸取试液时应用吸耳球操作而不能用嘴；严禁用鼻子贴近试剂瓶口鉴别试剂，应将试剂瓶远离鼻子，以手轻轻扇动稍闻其味即可；对于能够产生有毒气体或蒸气的实验，必须在通风橱内完成；使用毒物实验的操作者，在实验过程中，一定要严格地按照操作规程完

成，实验结束后，必须用肥皂充分洗手；采取有毒试样时，一定要事先做好预防工作；装有煤气管道的实验室，应经常注意检查管道和开关的严密性，避免漏气；尽量避免手与有毒物质直接接触，严禁在实验室内饮食；实验过程中如出现头晕、四肢无力、呼吸困难、恶心等症状，说明可能中毒，应立即离开实验室，到户外呼吸新鲜空气，严重的送往医院救治。

4. 答：分类收集、存放，分别集中处理。废弃物排放符合国家有关环境排放标准。

5. 答：当心火灾、当心腐蚀、必须戴防护手套、必须戴防护眼镜、禁止跨越、禁止用水灭火、禁止靠近、禁止烟火、当心中毒、禁止通行、禁止饮用。

项目二　实验室规划设计与建设

一、填空题

1. 初步设计、技术设计、施工图设计
2. 阳光、温度、湿度、粉尘、振动、磁场、有害气体
3. 1.2 ～ 1.5m
4. 单面、双面、检修、安全
5. 直接供水、高位水箱供水、混合供水、加压泵供水
6. 单面实验台、双面实验台
7. 全室通风、局部排风

二、单项选择题

1. B　2. D

三、简答题

1. 答：主要途径是根据震源的性质采取不同的防震措施。

常用的方法有：消极隔震措施（支承式隔震措施和悬吊隔震措施）和积极隔震措施（加强地基刚度、加隔震装置、建造“隔震地坪”）。

2. 答：实验室的供电线路宜直接由总配电室引出，避免与大功率用电设备共线，以减少线路电压波动，实验室一旦开始投入使用，就不宜频繁断电，否则可能使实验中断，影响实验的精确度，甚至导致试样损失、仪器装置损坏以致无法完成实验。

3. 答：（1）通常设置于远离主建筑物、结构坚固并符合防火规范的专用库房内，应有防火门窗，通风良好，有足够的泄压面积。

（2）远离火源、热源，避免阳光曝晒。室内温度宜在30℃以下，相对湿度不应超过85%。

（3）采用防爆型照明灯具，备有消防器材，用自然光或冷光源照明。

（4）库房内应使用不燃烧材料制作的防火间隔、储物架，储存腐蚀性物品的柜、架应进行防腐蚀处理。

（5）危险试剂应分类分别存放。挥发性试剂存放时，应避免相互干扰，并方便排放其挥发物质。

（6）门窗应设遮阳板，并且朝外开。

项目三　实验室组织管理

一、填空题

1．权力、行政、相对

2．配备、检验工作

3．检验人员的基本条件、实验室人员的构成、任职资格和条件

二、判断题

1. √　2. √　3. √

三、单项选择题

1. C　2. D

四、简答题

1．答：具有上岗合格证，熟悉检验专业知识；掌握采取样品的性质，熟悉采样方法，会使用采样工具；掌握分析所用各种标准溶液的配制、储存、发放程序；掌握分析方法、指标、采样时间、样品保留等必备知识；掌握控制分析、产品分析、原料分析方法以及控制指标、结果判定；掌握包装物检查管理规定、计量检斤规程及重量计算方法；认真填写原始记录、检验报告，能够独立解决工作中的一般技术问题；严格按程序和实施细则进行取样，按操作规程使用仪器设备，对使用的仪器设备做到按要求定期保养，使用后及时填写使用情况记录；努力钻研业务，参加各项培训和学术交流，积极参加比对试验，不断提高检验水平；检验工作要做到安全、文明、卫生规格化；做好安全保密工作，遵纪守纪，积极认真完成各项检验工作。

2．答：中心实验室的权力范围：对出厂的产品和进厂的原料有行使监督检验的权力；有权对产品质量及生产过程的检验、质量管理、质量事故进行监督考核，有权行使质量否决权；对违反质量法规的行为有权制止并对所涉及的单位和个人提出处理意见；有权代表厂方处理质量拒付和争议以及厂内质量仲裁。

项目四　实验室仪器设备管理

一、填空题

1．防尘、防潮、防震、定人保管、定点存放、定期维护、定期检修

2．最有效地做到买好、用好、管好

3．工程技术管理、财务经济管理、管理方法、维修管理（含备件管理）

二、单项选择题

1. B　2. C　3. B　4. C　5. D

三、判断题

1. √　2. ×　3. ×

四、简答题

1. 答：实验室仪器设备管理日常工作包括：仪器设备的账卡建立和定期检查核对、仪器设备的保管和使用、仪器设备的调拨和报废、仪器设备损坏和丢失的赔偿处理。

2. 答：仪器设备达到使用技术寿命或经济寿命时，如确已丧失正常效能，或技术落后，能耗较大，或损坏严重无法修复（有的虽能修复，但修理费用超过新购价格的50%），都应作报废处理。一般仪器设备的报废，由企业设备管理部门审核同意，大型精密仪器设备报废还须经企业主管领导审批，并报企业上级主管部门批准或备案。报废的仪器设备可以降级使用、拆零部件使用或交企业设备管理部门的回收仓库。同时，应做好变更固定资产价值或销账撤卡工作。

项目五　实验室试剂管理

一、填空题

1. 品种多、质量要求严格、应用面广、用量少
2. CP
3. 红色

二、单项选择题

1. B　2. A　3. C　4. C　5. D　6. D

三、判断题

1. ×　2. √　3. ×　4. √

四、简答题

1. 答：建立健全的化学试剂管理制度，做好化学试剂的采购、储存量控制，做好化学试剂的验收入库工作，做好化学试剂的经常性的保管保养工作。

2. 答：为了安全起见，危险化学试剂使用前要对其性质有一个全面了解：是否易燃、易爆，是否具有腐蚀性，是否具有氧化性，是否为剧毒性试剂等。

（1）易燃、易爆化学试剂。易燃、易爆化学危险品严禁明火作业，加热也不能直接用加热器。实验人员要穿好必要的防护用具，最好戴上防护眼镜。

（2）遇水易燃试剂。使用时避免与水直接接触，也不要与人体接触，避免灼伤。

（3）氧化性化学试剂。使用这类强氧化性化学试剂时，环境温度不要高于30℃，通风要良好，且不要与有机物或还原性物质共同使用（加热）。

（4）腐蚀性化学试剂，碰触到任何腐蚀性化学试剂都必须及时清理，因此在使用前一定要了解接触到这些腐蚀性化学试剂的急救方法。

（5）有毒化学试剂。使用前了解所用有毒化学试剂的急救方法，使用时要避免大量吸入，在使用完毕后，要及时清洗，并更换工作服。

（6）放射性化学试剂。使用这类物质需要配备特殊防护设备和了解相关知识，防止放射性物质的污染与扩散。

项目六　实验室质量管理

一、填空题

1. 保证职能、预防职能、报告职能
2. 接收进货报验单、取样、样品登记、样品检验、填写记录、出具检验报告单
3. 策划、实施、检查、行动

二、单项选择题

1. C　2. B　3. C

三、判断题

1. ×　2. ×　3. ×

四、简答题

1. 答：产品质量与工作质量是既不相同又密切联系的两个概念，产品质量取决于工作质量，工作质量是保证产品质量的前提条件，产品质量是企业各部门、各环节工作质量的综合反映，因此，实施质量管理既要搞好产品质量，又要搞好工作质量，而且应该把重点放在工作质量上，通过保证和提高工作质量来保证产品质量。

2. 答：通过对进厂的原材料、半成品、成品的检验，以及生产过程中工序的检验，产品出厂前的成品检验，搜集数据，对被检验对象与技术要求进行比较，做出合格、不合格的判断，合格的放行，不合格的去掉，并向上级报告。同时对于搜集到的数据进行分析，为提高和改进产品质量提供依据，对于不合格的项目，通过分析找出原因，制订纠正措施，避免同类不合格事件的再发生。

项目七　实验室认证认可

一、填空题

1. 实验室申请、现场评审、批准获证

2. 首次评审、变更评审、复查评审、扩项评审、其他评审

二、单项选择题

1. B 2. A 3. B 4. B

三、判断题

1. × 2. × 3. × 4. √

四、简答题

1. 答：实验室认可是指实验室认可机构对实验室有能力进行规定类型的检测和（或）校准所给予的一种正式承认。

基本程序：申请—现场评审—批准认可—监督和复评审—能力验证。

2. 答：认证和认可的本质区别如下。

① 两者主体不同。认证的主体是具备能力和资格的第三方，由合格的第三方实施认证的工作，以保证认证工作的公正性和独立性。认可的主体是权威团体，这里一般是指由政府授权组建的一个组织，具有足够的权威性。

② 两者的对象不同。认证的对象是产品、过程或服务，如质量管理体系认证、产品质量认证、环境管理体系认证等。认可的对象是从事特定任务的团体或个人，如检验机构、实验室、管理体系认证机构以及审核员、审核员培训机构等。

③ 两者的目的不同。认证是符合性认证，以质量管理体系的认证为例，其目的在于质量管理体系认证机构对组织所建的质量管理体系是否符合规定的要求进行证明。认可是具备能力的证明，即认可机构和质量管理体系审核员是否具备从事质量管理体系认证工作的资格和能力进行考核和证明。

附　录

高等学校实验室安全检查项目表（2021）

序号	检查项目	检查要点	情况记录
1	责任体系		
1.1	学校层面安全责任体系		
1.1.1	有校级实验室安全工作领导机构	有校级制度，内容含实验室安全的法人责任、党政同责、领导机构	
1.1.2	有明确的实验室安全管理职能部门	有实验室安全主管职能部门，与其他相关职能部门分工明确	
1.1.3	学校与院系签订实验室安全管理责任书/告知书	档案或信息系统里有现任学校领导与院系主管签字盖章的安全责任书/告知书	
1.2	院系层面安全责任体系		
1.2.1	二级单位党政负责人作为实验室安全工作主要领导责任人	查院系文件	
1.2.2	成立院系级实验室安全工作领导小组	由院系党政主要领导作为负责人，分管实验室安全领导及研究所、中心、教研室、实验室等负责人参加	
1.2.3	建立院系实验室安全责任体系	研究所、中心、教研室、实验室等机构有安全责任人和管理人，查院系发布的文件；查资料或网络管理系统，关注有多校区分布的情况	
1.2.4	有实验室安全责任书	实验房间安全责任人及每一位使用实验室的教师要签订责任书	
1.3	经费保障		
1.3.1	学校每年有实验室安全常规经费预算	查预算审批凭据	
1.3.2	学校有专项经费投入实验室安全工作，重大安全隐患整改经费能够落实	查财务凭据	

续表

<table>
<tr><th>序号</th><th>检查项目</th><th>检查要点</th><th>情况记录</th></tr>
<tr><td>1.3.3</td><td>院系有自筹经费投入实验室安全建设与管理</td><td>查财务凭据</td><td></td></tr>
<tr><td>1.4</td><td colspan="3">队伍建设</td></tr>
<tr><td>1.4.1</td><td>学校根据需要配备专职或兼职的实验室安全管理人员</td><td>理（除数学）、工、农、医等类院系有专职实验室安全管理人员；文、管、艺术类、数学等院系有兼职实验室安全管理人员；推进专业安全队伍建设，保障队伍稳定和可持续发展</td><td></td></tr>
<tr><td>1.4.2</td><td>有实验室安全督查/协查队伍，可以由教师、实验技术人员组成，也可以利用有相关专业能力的社会力量</td><td>有设立或聘用文件，查工作记录</td><td></td></tr>
<tr><td>1.4.3</td><td>各级主管实验室安全的负责人、管理人员及技术人员到岗一年内须接受实验室安全培训</td><td>有培训证书或培训记录</td><td></td></tr>
<tr><td>1.5</td><td colspan="3">其它</td></tr>
<tr><td>1.5.1</td><td>采用信息化手段管理实验室安全</td><td>建立实验室安全信息管理系统和监管系统</td><td></td></tr>
<tr><td>1.5.2</td><td>建立实验室安全工作档案</td><td>包括责任体系、队伍建设、安全制度、奖惩、教育培训、安全检查、隐患整改、事故调查与处理、专业安全、其它相关的常规或阶段性工作归档资料等；档案分类规范合理，便于查找</td><td></td></tr>
<tr><td>2</td><td colspan="3">规章制度</td></tr>
<tr><td>2.1</td><td>有校级实验室安全管理办法</td><td rowspan="2">建有校级实验室安全管理总则，建有安全风险评估制度、危险源全周期管理制度、实验室安全应急制度、奖惩与问责追责制度和安全准入制度等管理细则；制度文件由学校正式发文号；文件应及时修订更新；文件应具有可操作性或实际管理效用</td><td></td></tr>
<tr><td>2.2</td><td>有校级实验室安全管理细则</td><td></td></tr>
<tr><td>2.3</td><td>有院系级实验室安全管理制度</td><td>建有院系特色的实验室安全管理制度，包含院系的安全检查、值班值日、实验风险评估、实验室准入、应急预案、安全培训等管理制度；制度文件应有院系发文号，文件应及时修订更新；文件应具有可操作性或实际管理效用</td><td></td></tr>
</table>

续表

序号	检查项目	检查要点	情况记录
3	安全宣传教育		
3.1	安全教育活动		
3.1.1	开设实验室安全必修课或选修课	对于化学、生物、辐射等高风险的相关院系和专业，要开设有学分的安全教育必修课或将安全教育课程纳入必修环节；鼓励其他专业开设安全选修课	
3.1.2	开展校级安全教育培训活动	查看近三年存档记录，包含培训时间、内容、人数、通知、会场照片等；每年至少开展一次培训活动	
3.1.3	院系开展专业安全培训活动	查看记录，重点关注外来人员和研究生新生；每年至少开展一次培训活动	
3.1.4	开展结合学科特点的应急演练	查看档案，包含演练内容、人数、效果评价等；每年至少开展一次应急演练	
3.1.5	组织实验室安全知识考试	建议题库内容包含通识类和各专业学科分类安全知识、安全规范、国家相关法律法规、应急措施等；从事实验工作的学生、教职工及外来人员均须参加考试，通过者发放合格证书或保留记录	
3.2	安全文化		
3.2.1	建设有学校特色的安全文化	学校、院系网页设立专栏开展安全宣传、经验交流等	
3.2.2	编印学校实验室安全手册	将实验室安全手册发放到每一位从事实验活动的师生	
3.2.3	创新宣传教育形式，加强安全文化建设	通过微信公众号、安全工作简报、安全文化月、安全专项整治活动、实验室安全评估、安全知识竞赛、微电影等方式，加强安全宣传	
4	安全检查		
4.1	危险源辨识		
4.1.1	学校、院系层面建立危险源分布清单	清单内容须包括单位、房间、类别、数量、责任人等信息	
4.1.2	涉及危险源的实验场所，应有明确的警示标识	涉及危化品、病原微生物、放射性同位素、强磁等高危场所，有显著明确的警示标识	

续表

序号	检查项目	检查要点	情况记录
4.1.3	建立针对重要危险源的风险评估和应急管控方案	由实验室建立，报院系备案，检查院系文件	
4.2	安全检查		
4.2.1	学校层面开展定期 / 不定期检查	每年不少于 4 次，并记录存档	
4.2.2	院系层面开展定期检查	每月不少于 1 次，并记录存档	
4.2.3	针对高危实验物品开展专项检查	针对管制化学品、病原微生物、放射源等，开展定期专项检查	
4.2.4	实验室房间须建立自检自查台账	每天最后离开的人检查水电气门窗等，并留存记录	
4.2.5	安全检查人员应配备专业的防护和计量用具	安全检查人员要佩戴标识、配备照相器具；进入化学、生物、辐射等实验室要穿戴必要的防护装具；检查辐射场所要佩戴个人辐射剂量计；条件许可的，应配备必要的测量、计量用具（电笔、万用表、声级计、风速仪等）	
4.3	安全隐患整改		
4.3.1	检查中发现的问题应以正式形式通知到相关负责人	通知的方式包括校网上公告、实验室安全简报、书面或电子的整改通知书等形式。其中整改通知书要包含问题描述、整改要求和期限等，并由被查院系单位签收；对整改资料进行规范存档	
4.3.2	院系应对问题隐患进行及时整改	整改报告应在规定时间内提交学校管理部门，并归档；如存在重大隐患，实验室应立即停止实验活动，采取相应防范措施或整改完成后方能恢复实验	
4.4	安全报告		
4.4.1	学校有定期 / 不定期的安全检查通报	查看相关资料或电子文档	
4.4.2	院系有安全检查及整改记录	查看相关资料或电子文档	
5	实验场所		
5.1	场所环境		

续表

序号	检查项目	检查要点	情况记录
5.1.1	实验场所应张贴安全信息牌	每个房间门口挂有安全信息牌，信息包括：安全风险点的警示标识、安全责任人、涉及危险类别、防护措施和有效的应急联系电话等，并及时更新	
5.1.2	实验场所应具备合理的安全空间布局	超过 $200m^2$ 的实验楼层具有至少两处紧急出口，$75m^2$ 以上实验室要有两个出入口；实验楼大走廊保证留有大于 2m 净宽的消防通道；实验室操作区层高不低于 2m；理工农医类实验室内多人同时进行实验时，人均操作面积不小于 $2.5m^2$	
5.1.3	实验室消防通道通畅，公共场所不堆放仪器和物品	保持消防通道通畅	
5.1.4	实验室建设和装修应符合消防安全要求	实验操作台应选用合格的防火、耐腐蚀材料；仪器设备安装符合建筑物承重载荷；有可燃气体的实验室不设吊顶；废弃不用的配电箱、插座、水管水龙头、网线、气体管路等，应及时拆除或封闭；实验室门上有观察窗，外开门不阻挡逃生路径	
5.1.5	实验室所有房间均须配有应急备用钥匙	应急备用钥匙须集中存放、统一管理，应急时方便取用	
5.1.6	实验设备须做好振动减震和噪声降噪	容易产生振动的设备，须考虑建立合理的减震措施；易对外产生磁场或易受磁场干扰的设备，须做好磁屏蔽；实验室噪声一般不高于 55dB（机械设备不高于 70dB）	
5.1.7	实验室水、电、气管线布局合理，安装施工规范	采用管道供气的实验室，输气管道及阀门无漏气现象，并有明确标识；供气管道有名称和气体流向标识，无破损；高温、明火设备放置位置与气体管道有安全间隔距离	
5.2	卫生与日常管理		
5.2.1	实验室分区应相对独立，布局合理	有毒有害实验区与学习区明确分开，合理布局，重点关注化学、生物、辐射、激光等类别实验室	
5.2.2	实验室环境应整洁卫生有序	实验室物品摆放有序，卫生状况良好，实验完毕物品归位，无废弃物品、不放无关物品；不在实验室睡觉过夜，不存放和烧煮食物、饮食，禁止吸烟、不使用可燃性蚊香	

续表

序号	检查项目	检查要点	情况记录
5.2.3	实验室有卫生安全值日制度	实验期间有值日情况记录	
5.3	场所其它安全		
5.3.1	每间实验室均有编号并登记造册	查看现场	
5.3.2	危险性实验室应配备急救物品	配备的药箱不上锁，并定期检查药品是否在保质期内	
5.3.3	废弃的实验室有安全防范措施和明显标识	查看现场	
6	安全设施		
6.1	消防设施		
6.1.1	实验室应配备合适的灭火设备，并定期开展使用训练	烟感报警器、灭火器、灭火毯、消防沙、消防喷淋等，应正常有效、方便取用；灭火器种类配置正确；灭火器在有效期内（压力指针位置正常等），安全销（拉针）正常，瓶身无破损、腐蚀	
6.1.2	紧急逃生疏散路线通畅	在显著位置张贴有紧急逃生疏散路线图，疏散路线图的逃生路线应有两条（含）以上；路线与现场情况符合；主要逃生路径（室内、楼梯、通道和出口处）有足够的紧急照明灯，功能正常，并设置有效标识指示逃生方向；师生应熟悉紧急疏散路线及火场逃生注意事项	
6.2	应急喷淋与洗眼装置		
6.2.1	存在可能受到化学和生物伤害的实验区域，须配置应急喷淋和洗眼装置	有显著标识	
6.2.2	应急喷淋与洗眼装置安装合理，并能正常使用	应急喷淋安装地点与工作区域之间畅通，距离不超过30m；应急喷淋安装位置合适，拉杆位置合适、方向正确；应急喷淋装置水管总阀处常开状，喷淋头下方无障碍物；不能以普通淋浴装置代替应急喷淋装置；洗眼装置接入生活用水管道，水量水压适中（喷出高度8～10cm），水流畅通平稳	
6.2.3	定期对应急喷淋与洗眼装置进行维护	有检查记录（每月启动一次阀门，时刻保证管内流水畅通）；每周擦拭洗眼喷头，无锈水脏水	

续表

序号	检查项目	检查要点	情况记录
6.3	通风系统		
6.3.1	有需要的实验场所配备符合设计规范的通风系统	管道风机需防腐，使用可燃气体场所应采用防爆风机；实验室通风系统运行正常，柜口面风速 0.30 ～ 0.75m/s，定期进行维护、检修；屋顶风机固定无松动、无异常噪声	
6.3.2	通风柜配置合理、使用正常、操作合规	根据需要在通风柜管路上安装有毒有害气体的吸附或处理装置（如活性炭、光催化分解、水喷淋等）；任何可能产生高浓度有害气体而导致个人暴露或产生可燃、可爆炸气体或蒸汽而导致积聚的实验，都应在通风柜内进行；进行实验时，可调玻璃视窗开至据台面 10 ～ 15cm，保持通风效果，并保护操作人员胸部以上部位；玻璃视窗材料应是钢化玻璃；实验人员在通风柜进行实验时，避免将头伸入调节门内；不可将一次性手套或较轻的塑料袋等留在通风柜内，以免堵塞排风口；通风柜内放置物品应距离调节门内侧 15cm 左右，以免掉落	
6.4	门禁监控		
6.4.1	重点场所须安装门禁和监控设施，并有专人管理	关注重点场所，如剧毒品、病原微生物、放射源存放点、核材料等危险源的管理	
6.4.2	门禁和监控系统运转正常，与实验室准入制度相匹配	监控不留死角，图像清晰，人员出入记录可查，建议视频记录存储时间大于1个月；停电时，电子门禁系统应是开启状态	
6.5	实验室防爆		
6.5.1	有防爆需求的实验室须符合防爆设计要求	安装有防爆开关、防爆灯等，安装必要的气体报警系统、监控系统、应急系统等；对于产生可燃气体或蒸汽的装置，应在其进、出口处安装阻火器；室内应加强通风，防止爆炸物聚积	
6.5.2	应妥善防护具有爆炸危险性的仪器设备	使用合适的安全罩防护	
7	基础安全		
7.1	用电用水基础安全		

续表

序号	检查项目	检查要点	情况记录
7.1.1	实验室用电安全应符合国家标准（导则）和行业标准	实验室电容量、插头插座与用电设备功率须匹配，不得私自改装；电源插座须固定；电气设备应配备空气开关和漏电保护器；不私自乱拉乱接电线电缆，不使用老化的线缆、花线和木质配电板；禁止多个接线板串接供电，接线板不宜直接置于地面，禁止使用有破损的接线板；电线接头绝缘可靠，无裸露连接线，穿越通道的线缆应有盖板或护套；大功率仪器（包括空调等）使用专用插座（不可使用接线板），用电负荷满足要求；电器长期不用时，应切断电源	
7.1.2	给水、排水系统布置合理，运行正常	水槽、地漏及下水道畅通，水龙头、上下水管无破损；各类连接管无老化破损（特别是冷却冷凝系统的橡胶管接口处）；各楼层及实验室的各级水管总阀须有明显的标识	
7.2	个人防护		
7.2.1	实验人员须配备合适的个人防护用品	凡进入实验室人员须穿着质地合适的实验服或防护服；按需要佩戴防护眼镜、防护手套、安全帽、防护帽、呼吸器或面罩（呼吸器或面罩在有效期内，不用时须密封放置）等；进行化学、生物安全和高温实验时，不得佩戴隐形眼镜；操作机床等旋转设备时，不穿戴长围巾、丝巾、领带等；穿着化学、生物类实验服或戴实验手套，不得随意进入非实验区	
7.2.2	个人防护用品分散存放，存放地点有明显标识	在紧急情况须使用的防化服等个人防护器具应分散存放在安全场所，以便于取用	
7.2.3	各类个人防护用品的使用有培训及定期检查维护记录	检查培训及维护记录	
7.3	其它		
7.3.1	危险性实验（如高温、高压、高速运转等）时必须有两人在场	实验时不能脱岗，通宵实验需两人在场并有事先审批制度	
7.3.2	实验台面整洁、实验记录规范	查看实验台面和实验记录	

续表

序号	检查项目	检查要点	情况记录
8	化学安全		
8.1	危险化学品购置		
8.1.1	危险化学品采购需要符合要求	危险化学品须向具有生产经营许可资质的单位进行购买，查看相关供应商的经营许可资质证书复印件	
8.1.2	剧毒品、易制毒品、易制爆品、爆炸品的购买程序合规	此类危险化学品购买前须经学校审批，报公安部门批准或备案后，向具有经营许可资质的单位购买；校职能部门保留资料、建立档案；不得私自从外单位获取管控化学品；查看向上级主管部门的报批记录和学校审批记录；购买此类危险化学品应有规范的验收记录	
8.1.3	麻醉药品、精神药品等购买前须向食品药品监督管理部门申请	报批同意后向定点供应商或者定点生产企业采购	
8.1.4	保障化学品、气体运输安全	查看资料，现场抽查。校园内的运输车辆、运送人员、送货方式等符合相关规范	
8.2	实验室化学品存放		
8.2.1	实验室内危险化学品建有动态台账	建立本实验室危险化学品目录，并有危险化学品安全技术说明书（MSDS）或安全周知卡，方便查阅；定期清理过期药品，无累积现象	
8.2.2	化学品有专用存放空间并科学有序存放	储藏室、储藏区、储存柜等应通风、隔热、避光、安全；有机溶剂储存区应远离热源和火源；易泄漏、易挥发的试剂保证充足的通风；试剂柜中不能有电源插座或接线板；化学品有序分类存放、固体液体不混乱放置、配伍禁忌化学品不得混放、试剂不得叠放；装有试剂的试剂瓶不得开口放置；配备必要的二次泄漏防护、吸附或防溢流功能；实验台架无挡板不得存放化学试剂	
8.2.3	实验室内存放的危险化学品总量符合规定要求	原则上不应超过100L或100kg，其中易燃易爆性化学品的存放总量不应超过50L或50kg，且单一包装容器不应大于20L或20kg（可按$50m^2$为标准，存放量以实验室面积比考察）；单个实验装置存在10L以上甲类物质储罐，或20L以上乙类物质储罐，或50L以上丙类物质储罐，须加装泄漏报警器及通风联动装置。可按$50m^2$为标准，存放量以实验室面积比考察	

续表

序号	检查项目	检查要点	情况记录
8.2.4	化学品标签应显著、完整、清晰	化学品包装物上应有符合规定的化学品标签；当化学品由原包装物转移或分装到其他包装物内时，转移或分装后的包装物应及时重新粘贴标识。化学品标签脱落、模糊、腐蚀后应及时补上，如不能确认，则以废弃化学品处置	
8.3	实验操作安全		
8.3.1	制订危险实验、危险化工工艺指导书，各类标准操作规程（SOP），应急预案	指导书和预案上墙或便于取阅；按照指导书进行实验；实验人员熟悉所涉及的危险性及应急处理措施	
8.3.2	危险化工工艺和装置应设置自动控制和电源冗余设计	涉及危险化工工艺、重点监管危险化学品的反应装置应设置自动化控制系统；涉及放热反应的危险化工工艺生产装置应设置双重电源供电或控制系统应配置不间断电源	
8.3.3	做好有毒有害废气的处理和防护	对于产生有毒有害废气的实验，在通风柜中进行，并在实验装置尾端配有气体吸收装置；配备合适有效的呼吸器	
8.4	管制类化学品管理		
8.4.1	剧毒化学品执行“五双”管理（即双人验收、双人保管、双人发货、双把锁、双本账），技防措施符合管制要求	单独存放，不得与易燃、易爆、腐蚀性物品等一起存放；有专人管理并做好贮存、领取、发放情况登记，登记资料至少保存 1 年；防盗安全门应符合 GB 17565—2022 的要求，防盗安全级别为乙级（含）以上；防盗锁应符合 GA/T 73—2015 的要求；防盗保险柜应符合《防盗保险柜（箱）》GB 10409—2019 的要求；监控管控执行公安要求	
8.4.2	麻醉药品和第一类精神药品管理符合“双人双锁”，有专用账册	设立专库或者专柜储存；专库应当设有防盗设施并安装报警装置；专柜应当使用保险柜；专库和专柜应当实行双人双锁管理；配备专人管理并建立专用账册，专用账册的保存期限应当自药品有效期期满之日起不少于 5 年	
8.4.3	易制爆化学品存量合规、双人双锁	存放场所出入口应设置防盗安全门，或存放在专用储存柜内；储存场所防盗安全级别应为乙级（含）以上；专用储存柜应具有防盗功能，符合双人双锁管理要求，并安装机械防盗锁	

续表

序号	检查项目	检查要点	情况记录
8.4.4	易制毒化学品储存规范，台账清晰	设置专库或者专柜储存；专库应当设有防盗设施，专柜应当使用保险柜；第一类易制毒化学品、药品类易制毒化学品实现双人双锁管理，账册保存期限不少于2年	
8.4.5	爆炸品单独隔离、限量存储，使用、销毁按照公安部门要求执行	查看现场、台账	
8.5	实验气体管理		
8.5.1	从合格供应商处采购实验气体，建立气体钢瓶台账	查看记录	
8.5.2	气体的存放和使用符合相关要求	气体钢瓶存放点须通风、远离热源、避免暴晒，地面平整干燥；气瓶应合理固定 危险气体钢瓶尽量置于室外，室内放置应使用常时排风且带报警探头的气瓶柜 气瓶的存放应控制在最小需求量；涉及有毒、可燃气体的场所，配有通风设施和相应的气体监控和报警装置等，张贴必要的安全警示标识；可燃性气体与氧气等助燃气体不混放；独立的气体钢瓶室，应通风、不混放、有监控，管路有标识、去向明确；有专人管理和记录	
8.5.3	较小密封空间使用可引起窒息的气体，须安装有氧含量监测，设置必要的气体报警装置	存有大量惰性气体或液氮、CO_2的较小密闭空间，为防止大量泄漏或蒸发导致缺氧，须安装氧含量监测报警装置	
8.5.4	气体管路和钢瓶连接正确、有清晰标识	管路材质选择合适，无破损或老化现象，定期进行气密性检查；存在多条气体管路的房间须张贴详细的管路图；有钢瓶定期检验合格标识（由供应商负责）；无过期钢瓶、未使用的钢瓶有钢瓶帽；钢瓶气体合格证内容完整、正确，气瓶颜色符合GB/T 7144—2016的规定要求；确认“满、使用中、空瓶”三种状态；使用完毕，及时关闭气瓶总阀	
8.6	化学废弃物处置管理		

续表

序号	检查项目	检查要点	情况记录
8.6.1	实验室应设立化学废弃物暂存区	暂存区要远离火源、热源和不相容物质，避免日晒、雨淋，存放两种及以上不相容的实验室危险废物时，应分不同区域暂存；暂存区应有警示标识并有防遗洒、防渗漏设施或措施	
8.6.2	实验室内须规范收集化学废弃物	危险废物应按化学特性和危险特性，进行分类收集和暂存；废弃的化学试剂应存放在原试剂瓶中，保留原标签，并瓶口朝上放入专用固废箱中；针头等利器须放入利器盒中收集；废液应分类装入专用废液桶中，废液桶须满足耐腐蚀、抗溶剂、耐挤压、抗冲击的要求；所有实验室危险废物收集容器上须粘贴专用的标签。严禁将实验室危险废物直接排入下水道，严禁与生活垃圾、感染性废物或放射性废物等混装	
8.6.3	化学废弃物的转运须合规	委托有危险废物处置资质的专业厂家集中处置化学废弃物；校外转运之前，贮存站必须妥善管理实验室危险废物，采取有效措施，防止废物的扩散、流失、渗漏或者产生交叉污染	
8.6.4	学校应建设化学废弃物贮存站并规范管理	贮存站应有具体的管理办法和安全应急预案，并将贮存站安全运行、实验室危险废物出站转运等日常管理工作落实到相关人员的岗位职责中；转运人员应使用专用运输工具，运输前根据运输废物的危险特性，应携带必要的应急物资和个人防护用具，如收集工具、手套、口罩等；贮存站管理员须作好实验室危险废物情况的记录；实验室危险废物的校外转运必须按照国家有关规定填写危险废物电子或者纸质转移联单，任何单位和个人未经许可不得非法转运	
8.7	危化品仓库与废弃物贮存站		
8.7.1	学校建有危险品仓库、化学实验废弃物贮存站，对废弃物集中定点存放	危险品仓库、化学实验废弃物贮存站须有通风、隔热、避光、防盗、防爆、防静电、泄漏报警、应急喷淋、安全警示标识等技防措施，符合相关规定，专人管理；消防设施符合国家相关规定，正确配备灭火器材（如灭火器、灭火毯、沙箱、自动喷淋等）；若仓库或贮存站在实验楼内，必须有警示、通风、隔热、避光、防盗、防爆、防静电、泄漏报警、应急喷淋等技防措施，面积不超过 $30m^2$；不混放、整箱试剂的叠加高度不大于 1.5m；贮存站不能在地下室空间	

续表

序号	检查项目	检查要点	情况记录
8.8	其它化学安全		
8.8.1	配制试剂需要张贴标签	装有配制试剂、合成品、样品等的容器上标签信息明确，标签信息包括名称或编号、使用人、日期等；无使用饮料瓶存放试剂、样品的现象，如确须使用，必须撕去原包装纸，贴上统一的试剂标签	
8.8.2	不使用破损量筒、试管、移液管等玻璃器皿	查看现场	
9	生物安全		
9.1	实验室资质		
9.1.1	开展病原微生物实验研究的实验室，须具备相应的安全等级资质	其中 BSL-3/ABSL-3、BSL-4/ABSL-4 实验室须经政府部门批准建设；BSL-1/ABSL-1、BSL-2/ABSL-2 实验室由学校建设后报卫生或农业部门备案；查看资格证书、报备资料	
9.1.2	在规定等级实验室中开展涉及病原微生物的实验	按《人间传染的病原微生物目录》对应的实验室安全级别进行致病性病原微生物研究，重点关注：开展未经灭活的高致病性病原微生物（列入一类、二类）相关实验和研究，必须在 BSL-3/ABSL-3、BSL-4/ABSL-4 实验室中进行；开展低致病性病原微生物（列入三类、四类），或经灭活的高致病性感染性材料的相关实验和研究，必须在 BSL-1/ABSL-1、BSL-2/ABSL-2 或以上等级实验室中进行	
9.2	场所与设施		
9.2.1	实验室安全防范设施达到相应生物安全实验室要求，各区域分布合理、气压正常	BSL-2/ABSL-2 及以上安全等级实验室须设门禁管理和准入制度；储存病原微生物的场所或储柜配备防盗设施；BSL-3/ABSL-3 及以上安全等级实验室须安装监控报警装置	
9.2.2	配有符合相应要求的生物安全设施	配有Ⅱ级生物安全柜，定期进行检测；B 型生物安全柜须有正常通风系统；配有压力蒸汽灭菌器，并定期监测灭菌效果，有安全操作规程上墙；配备消防设施、应急供电（至少延时半小时），应急淋浴及洗眼装置；传递窗功能正常、内部不存放物品；安装有防虫纱窗、入口处有挡鼠板	

续表

序号	检查项目	检查要点	情况记录
9.3	病原微生物采购与保管		
9.3.1	采购或自行分离高致病性病原微生物菌（毒）种，须办理相应申请和报批手续	采购病原微生物须从有资质的单位购买，具有相应合格证书；须按照学校流程审批，报行业主管部门批准；转移和运输须按规定报卫生和农业主管部门批准，并按相应的运输包装要求包装后转移和运输	
9.3.2	高致病性病原微生物菌（毒）种应妥善保存和严格管理	病原微生物菌（毒）种保存在带锁冰箱或柜子中，高致病性病原微生物实行双人双锁管理；有病原微生物菌（毒）种保存、实验使用、销毁的记录	
9.4	人员管理		
9.4.1	开展病原微生物相关实验和研究的人员经过专业培训	人员经考核合格，并取得证书。检查存档资料	
9.4.2	为从事高致病性病原微生物的工作人员提供适宜的医学评估	实施监测和治疗方案，并妥善保存相应的医学记录；有上岗前体检和离岗体检，长期工作有定期体检	
9.4.3	制订相应的人员准入制度	外来人员进入生物安全实验室须经负责人批准，并有相关的教育培训、安全防控措施；出现感冒发热等症状时，不得进行病原微生物实验	
9.5	操作与管理		
9.5.1	制订并采用生物安全手册，有相关标准操作规范	有从事病原微生物相关实验活动的标准操作规范	
9.5.2	开展相关实验活动的风险评估和应急预案	BSL-2/ABSL-2 及以上等级实验室，开展病原微生物的相关实验活动应有风险评估和应急预案，包括病原微生物及感染材料溢出和意外事故的书面操作程序	
9.5.3	实验操作合规，安全防护措施合理	在合适的生物安全柜中进行实验操作；不在超净工作台中进行病原微生物实验；安全操作高速离心机，小心防止离心管破损或盖子破损造成溢出或气溶胶散发；有开展病原微生物相关实验活动的记录；有合适的个人防护措施；禁止戴防护手套操作相关实验以外的设施设备	

续表

序号	检查项目	检查要点	情况记录
9.6	实验动物安全		
9.6.1	实验动物的购买、饲养、解剖等须符合相关规定	饲养实验动物的场所应有资质证书；实验动物须从具有资质的单位购买，有合格证明；用于解剖的实验动物须经过检验检疫合格；解剖实验动物时，必须做好个人安全防护	
9.6.2	动物实验按相关规定进行伦理审查，保障动物权益	查看记录	
9.7	生物实验废物处置		
9.7.1	生物废弃物的处置应有专用集中场所	学校与有资质的单位签约处置生物废弃物，有交接记录；学校有生物固废中转站；动物实验结束后，送学校中转站或收集点经必要的灭菌、灭活处理;配备生物实验废弃物垃圾桶（内置生物废弃物专用塑料袋），有标识；学校有统一的生物实验废弃物标签	
9.7.2	生物废弃物的处置应满足特殊要求	生物实验产生的溴化乙锭（EB）胶毒性强，须集中存放、贴好化学废弃物标签，及时送学校中转站或收集点；刀片、移液枪头等尖锐物应使用耐扎的利器盒 / 纸板箱盛放，送储时再装入生物废弃物专用塑料袋，贴好标签；涉及病原微生物的实验废弃物必须进行高温高压灭菌或化学浸泡处理；高致病性生物材料废弃物处置实现溯源追踪；生物实验废弃物不得与生活垃圾混放	
10	辐射安全与核材料管制		
10.1	资质与人员要求		
10.1.1	辐射工作单位须取得辐射安全许可证	按规定在放射性核素种类和用量以及射线种类许可范围内开展实验；除已被豁免管理外，射线装置、放射源或者非密封放射性物质应纳入许可证范畴	
10.1.2	辐射工作人员须经过专门培训，定期参加职业体检	辐射工作人员具有辐射安全与防护培训合格证书，或者生态环境部辐射安全与防护考核通过报告单，辐射工作人员按时参加放射性职业体检（2 年 1 次），有健康档案；辐射工作人员进入实验场所须佩戴个人剂量计；剂量计委托有资质的单位按时进行剂量检测（3 个月一次）	

续表

序号	检查项目	检查要点	情况记录
10.1.3	核材料许可证持有单位须建立专职机构或指定专人负责保管核材料，执行国家管制条例要求。有账目与报告制度，保证账物相符	持有核材料数量达到法定要求的单位须取得核材料许可证；有专职机构或指定专人负责办理；核材料衡算和核安保工作执行国家要求	
10.2	场所设施与采购运输		
10.2.1	辐射设施和场所应设有警示、连锁和报警装置	放射源储存库应设“双人双锁”，并有安全报警系统和视频监控系统，辐照设施设备和2类以上射线装置具有能正常工作的安全连锁装置和报警装置，有明显的安全警示标识、警戒线和剂量报警仪	
10.2.2	辐射实验场所每年有合格的实验场所检测报告	查看场所辐射环境监测报告	
10.2.3	放射性物质的采购、转移和运输应按规定报批	放射源和放射性物质的采购和转让转移有学校及生态环境部门的审批备案材料，上述采购和转让转移前必须先做环境影响评价工作；放射性物质的转移和运输有学校及公安部门的审批备案材料；放射源、放射性物质以及3类以上射线装置变更及时登记	
10.3	放射性实验安全及废弃物处置		
10.3.1	各类放射性装置有符合国家相关规定的操作规程、安保方案及应急预案，并遵照执行	重点关注γ辐照、电子加速器、射线探伤仪、非密封性放射性实验操作、5类以上的密封性放射性实验操作；查看辐射事故应急预案	
10.3.2	放射源及设备报废时有符合国家相关规定的处置方案或回收协议	中、长半衰期核素固液废弃物有符合国家相关规定的处置方案或回收协议，短半衰期核素固液废弃物放置10个半衰期经检测达标后作为普通废物处理，并有处置记录；报废含有放射源或可产生放射性的设备，须报学校管理部门同意，并按国家规定进行退役处置；X射线管报废时应敲碎，拍照留存；涉源实验场所退役，须按国家相关规定执行	

续表

序号	检查项目	检查要点	情况记录
10.3.3	放射性废物（源）应严加管理，不得作为普通废物处理，不得擅自处置	相关实验室应当配置专门的放射性废物收集桶；放射性废液送贮前应进行固化整备；放射性废物应及时送交城市放废库收贮	
11	机电等安全		
11.1	仪器设备常规管理		
11.1.1	建立设备台账，设备上有资产标签，有明确的管理人员	查看电子或纸质台账	
11.1.2	大型、特种设备的使用须符合相关规定	大型仪器设备、高功率的设备与电路容量相匹配，有设备运行维护的记录，有安全操作规程或注意事项	
11.1.3	仪器设备的接地和用电符合相关要求	仪器设备接地系统应按规范要求，采用铜质材料，接地电阻不高于0.5Ω；电脑、空调、电加热器等不随意开机过夜；对于不能断电的特殊仪器设备，采取必要的防护措施（如双路供电、不间断电源、监控报警等）	
11.1.4	特殊设备应配备相应安全防护措施	特别关注高温、高压、高速运动、电磁辐射等特殊设备，对使用者有培训要求，有安全警示标识和安全警示线（黄色），设备安全防护措施完好；自研自制设备，须充分考虑安全系数，并有安全防护措施	
11.2	机械安全		
11.2.1	机械设备应保持清洁整齐，可靠接地	机床应保持清洁整齐；严禁在床头、床面、刀架上放置物品；机械设备可靠接地；实验结束后，应切断电源，整理好场地并将实验用具等摆放整齐，及时清理机械设备产生的废渣、屑	
11.2.2	操作机械设备时实验人员应做好个人防护	个人防护用品要穿戴齐全，如工作服、工作帽、工作鞋、防护眼镜等；操作冷加工设备必须穿“三紧式”工作服，不能留长发（长发要盘在工作帽内），禁止戴手套；进入高速切削机械操作工作场所，穿好工作服，戴好防护眼镜，扣紧衣袖口，长发学生必须将长发盘在工作帽内，戴好工作帽，禁止戴手套、长围巾、领带、手镯等配饰物，禁穿拖鞋、高跟鞋等；设备运转时严禁用手调整工件	

续表

序号	检查项目	检查要点	情况记录
11.2.3	铸锻及热处理实验应满足场地和防护要求	铸造实验场地宽敞、通道畅通，使用设备前，操作者要按要求穿戴好防护用品；盐浴炉加热零件必须预先烘干，并用铁丝绑牢，缓慢放入炉中，以防盐液炸崩烫伤；淬火油槽不得有水，油量不能过少，以免发生火灾；与铁水接触的一切工具，使用前必须加热，严禁将冷的工具伸入铁水内，以免引起爆炸；锻压设备不得空打或大力敲打过薄锻件，锻造时锻件应达到850℃以上，锻锤空置时应垫有木块	
11.2.4	高空作业应符合相关操作规程	2米以上高空临边、攀登作业，须穿防滑鞋、佩戴安全帽、使用安全带，有相关安全操作规程	
11.3	电气安全		
11.3.1	电气设备的使用应符合用电安全规范	各种电器设备及电线应始终保持干燥，防止浸湿，以防短路引起火灾或烧坏电气设备；试验室内的功能间墙面都应设有专用接地母排，并设有多点接地引出端；高压、大电流等强电实验室要设定安全距离，按规定设置安全警示牌、安全信号灯、联动式警铃、门锁，有安全隔离装置或屏蔽遮栏（由金属制成，并可靠接地，高度不低于2m）；控制室（控制台）应铺橡胶、绝缘垫等；强电实验室禁止存放易燃、易爆、易腐品，保持通风散热；应为设备配备残余电流泄放专用的接地系统；禁止在有可燃气体泄漏隐患的环境中使用电动工具；电烙铁有专门搁架，用毕立即切断电源；强磁设备应该配备与大地相连的金属屏蔽网	
11.3.2	操作电气设备应配备合适的防护器具	强电类实验必须两人（含）以上，操作时应戴绝缘手套；静电场所，要保持空气湿润，工作人员要穿防静电的衣服和鞋靴	
11.4	激光安全		
11.4.1	激光实验室配有完备的安全屏蔽设施	功率较大的激光器有互锁装置、防护罩；激光照射方向不会对他人造成伤害，防止激光发射口及反射镜上扬	
11.4.2	激光实验时须佩戴合适的个人防护用具	操作人员穿戴防护眼镜等防护用品、不戴手表等能反光的物品；禁止直视激光束和它的反向光束，禁止对激光器件做任何目视准直操作；禁止用眼睛检查激光器故障，激光器必须在断电情况下进行检查	

续表

序号	检查项目	检查要点	情况记录
11.4.3	警告标识	所有激光区域内张贴警告标识	
11.5	粉尘安全		
11.5.1	粉尘爆炸危险场所，应选用防爆型的电气设备	防爆灯、防爆电器开关，导线敷设应选用镀锌管或水煤气管，必须达到整体防爆要求；粉尘加工要有除尘装置，除尘器符合防静电安全要求，除尘设施应有阻爆、隔爆、泄爆装置；使用工具具有防爆功能或不产生火花	
11.5.2	产生粉尘的实验场所，须穿戴合适的个人防护用具	粉尘爆炸危险场所应穿防静电棉质衣服，禁止穿化纤材料制作的衣服，工作时必须佩戴防尘口罩和护耳器	
11.5.3	确保实验室粉尘浓度在爆炸限以下，并配备灭火装置	粉尘浓度较高的场所，有加湿装置（喷雾）使湿度在65%以上；配备合适的灭火装置	
12	**特种设备与常规冷热设备**		
12.1	起重类设备		
12.1.1	额定起重量大于规定值的设备须取得特种设备使用登记证	额定起重量大于等于3t且提升高度大于等于2m的起重设备须取得特种设备使用登记证，低于额度限定值的可不办理特种设备使用登记证	
12.1.2	起重机械作业人员、检验单位须有相关资质	起重机指挥、起重机司机须取得特种设备作业人员证，持证上岗，并每4年复审一次；委托有资质单位进行定期检验，并将定期检验合格证置于特种设备显著位置	
12.1.3	起重机械须定期保养，设置警示标识，安装防护设施	在用起重机械至少每月进行一次日常维护保养和自行检查，并作记录；制订安全操作规程，并在周边醒目位置张贴警示标识，有必要的防护措施；起重设备声光报警正常，室内起重设备要标有运行通道；废弃不用的起重机械应及时拆除	
12.2	压力容器		
12.2.1	规定压力容器须取得特种设备使用登记证和特种设备使用登记表	压力大于等于0.1MPa且容积大于等于30L的压力容器，须取得特种设备使用登记证、特种设备使用登记表、特种设备使用标志；设备铭牌上标明为简单压力容器不需办理	

续表

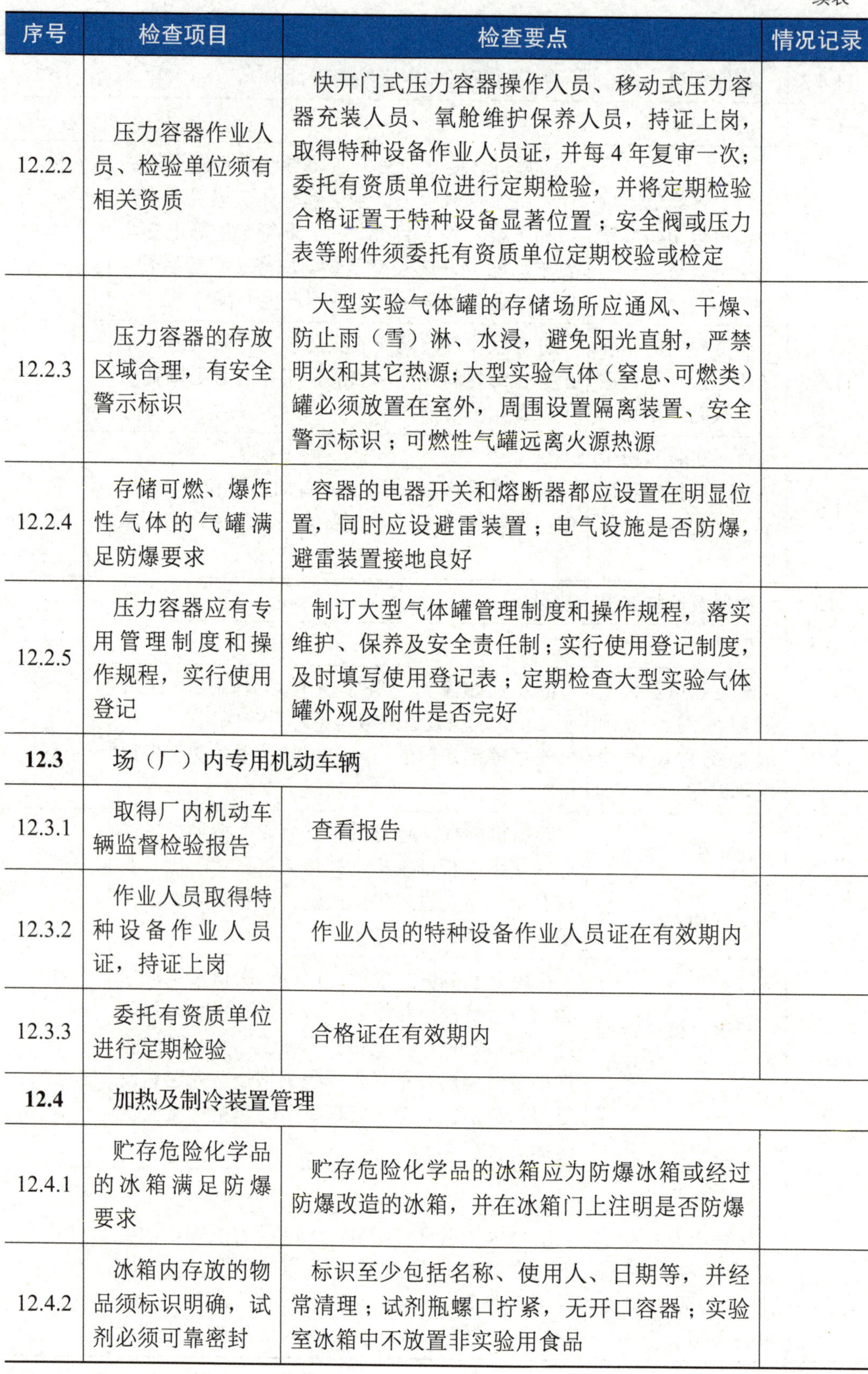

序号	检查项目	检查要点	情况记录
12.2.2	压力容器作业人员、检验单位须有相关资质	快开门式压力容器操作人员、移动式压力容器充装人员、氧舱维护保养人员，持证上岗，取得特种设备作业人员证，并每4年复审一次；委托有资质单位进行定期检验，并将定期检验合格证置于特种设备显著位置；安全阀或压力表等附件须委托有资质单位定期校验或检定	
12.2.3	压力容器的存放区域合理，有安全警示标识	大型实验气体罐的存储场所应通风、干燥、防止雨（雪）淋、水浸，避免阳光直射，严禁明火和其它热源；大型实验气体（窒息、可燃类）罐必须放置在室外，周围设置隔离装置、安全警示标识；可燃性气罐远离火源热源	
12.2.4	存储可燃、爆炸性气体的气罐满足防爆要求	容器的电器开关和熔断器都应设置在明显位置，同时应设避雷装置；电气设施是否防爆，避雷装置接地良好	
12.2.5	压力容器应有专用管理制度和操作规程，实行使用登记	制订大型气体罐管理制度和操作规程，落实维护、保养及安全责任制；实行使用登记制度，及时填写使用登记表；定期检查大型实验气体罐外观及附件是否完好	
12.3	场（厂）内专用机动车辆		
12.3.1	取得厂内机动车辆监督检验报告	查看报告	
12.3.2	作业人员取得特种设备作业人员证，持证上岗	作业人员的特种设备作业人员证在有效期内	
12.3.3	委托有资质单位进行定期检验	合格证在有效期内	
12.4	加热及制冷装置管理		
12.4.1	贮存危险化学品的冰箱满足防爆要求	贮存危险化学品的冰箱应为防爆冰箱或经过防爆改造的冰箱，并在冰箱门上注明是否防爆	
12.4.2	冰箱内存放的物品须标识明确，试剂必须可靠密封	标识至少包括名称、使用人、日期等，并经常清理；试剂瓶螺口拧紧，无开口容器；实验室冰箱中不放置非实验用食品	

续表

序号	检查项目	检查要点	情况记录
12.4.3	冰箱、烘箱、电阻炉的使用满足使用期间和空间等要求	冰箱不超期使用（一般使用期限控制为10年），如超期使用须经审批；冰箱周围留出足够空间，周围不堆放杂物，不影响散热；烘箱、电阻炉不超期使用（一般使用期限控制为12年），如超期使用须经审批；加热设备应放置在通风干燥处，不直接放置在木桌、木板等易燃物品上，周围有一定的散热空间，设备旁不能放置易燃易爆化学品、气体钢瓶、冰箱、杂物等	
12.4.4	烘箱、电阻炉等加热设备须制订安全操作规程	加热设备周边醒目位置张贴有高温警示标识，并有必要的防护措施；张贴有安全操作规程、警示标识；烘箱等加热设备内不准烘烤易燃易爆试剂及易燃物品；不使用塑料筐等易燃容器盛放实验物品在烘箱等加热设备内烘烤；使用完毕，清理物品、切断电源，确认其冷却至安全温度后方能离开；使用电阻炉等明火设备时有人值守；使用加热设备时，温度较高的实验须有人值守或有实时监控措施	
12.4.5	使用明火电炉或者电吹风须有安全防范举措	涉及化学品的实验室不使用明火电炉；如必须使用，须有安全防范措施；不使用明火电炉加热易燃易爆试剂；明火电炉、电吹风、电热枪等用毕，须及时拔除电源插头；不能用纸质、木质等材料自制红外灯烘箱	

参考文献

[1] 季剑波. 化学检验工（技师、高级技师）[M]. 2版. 北京：机械工业出版社，2014.

[2] 姜洪文，陈淑刚，张美娜. 化验室组织与管理 [M]. 4版. 北京：化学工业出版社，2021.

[3] 杨爱萍，蒋彩云. 实验室组织与管理 [M]. 北京：中国轻工业出版社，2019.

[4] 马桂铭. 化验室组织与管理 [M]. 4版. 北京：化学工业出版社，2019.

[5] 季剑波. 简明化学检验工手册 [M]. 北京：机械工业出版社，2013.

[6] 王秀萍，刘世纯，常平. 实用分析化验工读本 [M]. 4版. 北京：化学工业出版社，2016.

[7] 全国危险化学品管理标准化技术委员会，中国标准出版社第二编辑室. 危险化学品标准汇编 - 无机化工卷 [M]. 北京：中国标准出版社，2008.

[8] 中华人民共和国国家质量监督检验检疫总局，中国国家标准化管理委员会. 安全标志及其使用导则：GB 2894—2008 [S]. 北京：中国标准出版社，2009：46.

[9] 中华人民共和国国家质量监督检验检疫总局，中国国家标准化管理委员会. 化学试剂　包装及标志：GB 15346—2012 [S]. 北京：中国标准出版社，2013：20.

[10] 国家市场监督管理总局. 气瓶安全技术规程：TSG 23—2021 [S]. 北京：新华出版社，2021.

[11] 中华人民共和国国家质量监督检验检疫总局，中国国家标准化管理委员会. 气瓶颜色标志：GB/T 7144—2016 [S]. 北京：中国标准出版社，2016：20.

[12] 中国合格评定国家认可委员会. 实验室认可规则：CNAS-RL01—2019 [S/OL]. 2019：4 [2020-01-09]. https://www.cnas.org.cn/rkgf/sysrk/rkgz/2020/01/901830.shtml.

[13] 中国合格评定国家认可委员会. 实验室认可指南：CNAS-GL001—2018 [S/OL]. 2018：7 [2018-03-01]. https://www.cnas.org.cn/rkgf/sysrk/rkzn/2018/03/889119.shtml.